JN197787

QC七つ道具の奥義

管理者・技術者が使いこなすために

安藤之裕●著

日科技連

まえがき

　本書の題が「QC 七つ道具」と聞けば，「またかよ」，「他にないのかね」と思われる読者も多いことだろう．QC 関係の本やセミナーの中でも QC 七つ道具は定番中の定番だ．QC 七つ道具は品質管理を進めるうえでは重要不可欠な基本的な手法だと言われているだけに，読者諸氏の中には何回も何回も聞かされ読まされてきた方が多くいるはずだ．

　一方で，実際に品質管理を進めるうえで QC 七つ道具は本当に役に立っているだろうか．特に管理者・技術者・スタッフはそれらを使って役に立つ情報を引き出して改善に結び付けているだろうか．実際は KKD（経験と勘と度胸）で偶発的に解決された改善事例を報告する際に，いろどりを加えるために QC 七つ道具を"飾り"として添えているだけの「問題解決事例」も散見される．また，管理者・技術者・スタッフの中には QC 七つ道具というと，低級な道具だと馬鹿にしてろくに勉強もせず，使えもしないままにいわゆる"高級手法"に走り，大局観のない失敗をしている実例も多いのではないだろうか．

　ところが，石川馨先生のお言葉のように，現場の問題の 95% はこの QC 七つ道具を妥当に使えば解決できてしまうというということは，筆者の実体験でも共感できる．本来の QC 七つ道具は実に有益でパワフルだ．まさに問題解決を進めるためにたいへん役立つ道具だ．

　本書は，各手法のつくり方の詳細や網羅的一般的な解釈方法については他書に譲ることとした．基本から始まるその本質を考察するために，かなり偏った話題の中から，QC 七つ道具をどう使いこなすかを議論している．したがって，読者の皆様には，本書をお読みになる前に一般的な QC 七つ道具に関する知識が必要になってしまうという，実に他力本願的な構成となっていることをあらかじめお断りしなければならない．

　なお，「七つ道具」の「七つ」の選択と解釈にはいろいろなパターンがある．「七つ」という響きには独特の良さそうな響きがあるようで，何とかして七つを特定しようとしている議論も多くあるようだが，どの七つが正解なのかは筆者にはよくわからない．

　そこで，本書では，「七つ道具」とは「何かをするときに便利なワンセットの道具類」という程度に解釈する．すなわち，「七つという数と数え方にこだわらないし，その組合せは多少のばらつきがあってもよい」という，本書をまとめることをお勧めいただいた東京大学名誉教授の飯塚悦功先生の解釈を頂戴している．なるほど，「弁慶の七つ道具」の「七つ」にもいろいろな数え方があるようだ．ただし，弁慶も褌を着けていなかったはずはないと思うが，七つの中に入っている例は見たことがない．

　本書はまず，前述の飯塚先生による企画から始まった．従来の教科書とは一味違った角度から七つ道具を本当に使いこなせるまでに理解できるような本を書きなさい，という実に挑戦的かつ厄介なご注文だった．その構想と，具体化のための飯塚先生によるご指導なくしては，本書はあり得ない．ご指導をいただいたのは 2013 年のころだった．それにもかかわらず怠惰な筆者が書けないでいたところに，日本規格協会の『標準化と品質管理』誌に連載のお誘いをいただいた．さすがに，毎月締切りが来るために毎月鞭をいただく形で本書の骨格となる部分を書き上げることができた．この機会を与えていただいた飯塚先生に深く感謝申し上げるとともに，筆者の拙ない原稿を編集いただいた同協会出版・研修ユニット出版事業グループ編集制作チーム（当時）の伊藤朋弘氏，福田優紀氏には感謝のしようもない．

　また，日科技連出版社の戸羽節文社長ならびに編集作業を進めていただいた鈴木兄宏出版部長には，雑誌掲載止まりとなっていた原稿に息を吹き込んでいただき，さらに綿密なる推敲をいただいた．お二人のご忍耐とご尽力により何とか本書をまとめることができた．

　もとより，本書の内容はいろいろな文献からの引用であったり，いろいろな企業での事例を引用させていただいたりしており，筆者のオリジナルという部

分は少ない．引用にあたってはできる限りその出典を明らかにしたつもりだが，
「失敗談」についてはあえてその出所を控えさせていただいた．また，筆者が
長年ご教示をいただいてきた，東京理科大学名誉教授の狩野紀昭先生，早稲田
大学名誉教授の池澤辰夫先生，ならびに前出の飯塚悦功先生からお教えいただ
いた内容は，できる限り明記したつもりではあるが，あまりにも多くのことを
お教えいただいたために，すべての引用を明記しきれていないことを白状する．
深くお礼を申し上げるとともに，無断引用となってしまった部分が多いことも
お詫び申し上げます．

2019 年 6 月

安　藤　之　裕

本書連動データのダウンロード

　本書に記載するには冗長となる事例などのデータや記事の詳細を日科技
連出版社のホームページからダウンロードできます．併せてご利用くださ
い．

　http://www.juse-p.co.jp/dl_index.html

　なお，著者および出版社のいずれも，ダウンロードデータを利用した際
に生じた損害についての責任，サポートを負うものではありません．

目　　次

第1章

ヒストグラム

1.1 まずは騙されたと思って描いてみよう

(1) ある瓶詰工程の現場から

ある工場は近代的設備により完全自動化生産され，たいへん高効率で完璧な生産体制で，ある飲料を生産しているとのことだった．その工場における問題解決活動の実態について聞いたとき，担当者は実に素直に「私が入社以来，記憶にある限り，品質問題というのは見たことがありません．例えば，瓶詰工程の心臓部である飲料の内容量管理などはその代表です」との答えが返ってきた．すなわち，問題自体がないので問題解決活動などは必要ないとのことだった．なるほどもっともな言い分だ．

当の瓶詰工程では，**図 1.1** の概念図に示すように瓶詰された商品は後工程で100％自動重量測定され選別されているうえに，シフトごとに3本ずつサンプルが抜き取られてその内容量を精密測定していた．段取り替えなどの直後に少々出てしまう不良品はその自動選別により完璧に排除されるし，その後の生産が安定した段階でのデータからも，その担当者の記憶にある限り不良品などは一つもないたいへん優良な工程とのことだった．

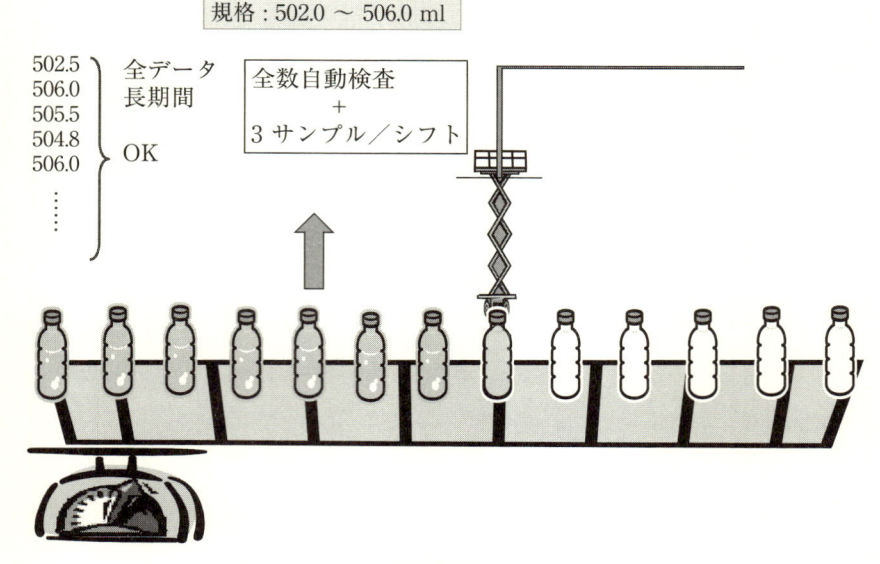

図 1.1　ある飲料の自動瓶詰工程の概念図

　ちなみに，瓶の表示容量は 500ml だったが，製造側としては「入れ目量」を規格に対して安全側として多少多めにして社内規格を 502.0 〜 506.0ml としていた．なお，この瓶詰の飲料のような製品に対して，計量法で指定する量目公差に対しても十分な精度だ．

　こんなすばらしい工程には問題解決の出番はないかなと感じ始めながら，「ところで，貴社ではヒストグラムは使っていますか」と尋ねてみた．すると，「全員新入社員教育などで研修を受けていますからもちろん描けますよ．でも，そんなもの描かなくたって不良品などまったく出ていないのだから，……ぶつぶつぶつ……あんなもの研修以外では実際に描いたことなんかありませんよ」ということだった．そこで，何とかお願いして最近 1 カ月程度のデータをヒストグラムにしてもらった．さすがだ．実に鮮やかにほんの数分の間に**図 1.2** のようなヒストグラムが出来上がった．

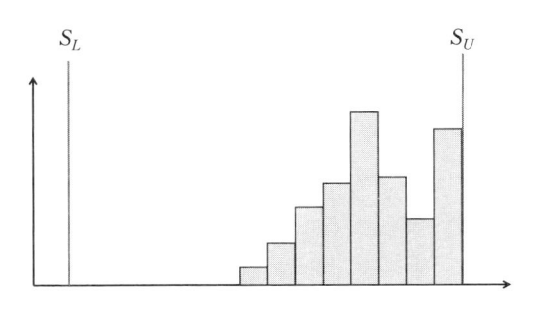

図1.2　最近 1 カ月分のデータによるヒストグラム

(2)　ヒストグラムから見えたこと

「あれ！　なんかおかしいぞ」
読者諸氏は図 1.2 のヒストグラムをどう解釈してどんな対応をとるだろう？

【パターン 1】
　すべてのデータは規格線の内側に入っているので好ましい状態だ．完璧な工程だ．まったく問題ない．このまま生産を続ければよい．

【パターン 2】
　平均値が規格の中心よりもずいぶん右にずれているぞ．これを補正したらずいぶん平均値が下がってコストダウンできるのではないかと考える．

【パターン 3】
　上側の分布の形が不自然だ．上限ギリギリのところだけがせり立っている．ひょっとして不良品が出てしまっているかもしれない．上側から大きな圧力がかかったと想像できる．でも，その圧力って何だ？　それは調べてみなければいけないぞと考える．

　この場合，パターン 1 の解釈ではまずいことがすぐにわかる．もし，このデータが内容量を自動調整しているような工程の**後**で全数検査されたときのデー

タならば，このような形のヒストグラムになることもあり得るかもしれない．しかし，このデータはあくまでもシフト当たり3本しか取られていないサンプルからのデータだということを思い出さなければならない．これらのデータがすべて規格範囲内だったとしても，サンプルとして測定されなかった製品もすべて規格内だ，などということは到底いえない．「記憶にある限り，品質問題というのは見たことがない」などとのんきなことを言っている場合ではない．見つけていなかっただけの話で，実は**不良品が垂れ流し状態**だったことがわからなければならない．

そこでまず，着目すべきはパターン3だ．内容量のような分布は一般に「**正規分布**」と呼ばれる左右対称の釣り鐘型の分布になるはずではないか．くどいようだが，全数検査をしている工程で上限を超える製品は手直しをしており，このデータはその手直し**後**に取られたという場合には**図1.2**のようなヒストグラムになることもある．しかし，今回のようにシフト当たり3本しかとっていないサンプルでは，よほど注意深く恣意的に取られない限り，上限ギリギリのところに図1.2のような膨らみができるというのは**あり得ない**．

では何があったのだろう．何か特別なことが起こっていたのではないか，ということがプンプンと匂ってくる．

(3) 隠されていた事実

そこで，実際に検査担当者に「もし不良が出ていたとしてもそれは前工程の責任であり，決して検査員である皆さんの責任ではない．前工程で働いている仲間の問題を暴くようなことはしたくないと思うかもしれないけれど，それは本来，会社全体で実態を見える化し，より良い工程とすることによって……」と，誠意を尽くしてしつこくしつこく聞いてみた．すると，次のようなことを話してくれた．

「実は……，規格外のものが出るとたいへんなことになるし，規格外といってもお客様にはより喜ばれるはずの上側の不良だったし，もともと当社の規格は計量法の規格より相当厳しめに設定していたし……，ああだこうだ，ああだ

こうだ……ということで目をつぶってきました．ただし，あまりに小さい数字を書くのは良心の呵責を感じるのでギリギリの数字を記入していたのです．ただし，あえて言い訳をさせてもらえるとすれば，このようなやり方は私たちが最近始めたという訳ではなく，随分前からの暗黙のルールでしたから，私たちもその暗黙のルールに従ってきただけです」

検査担当者個人にとって，このようにデータを改ざんしても何もよいことはない．褒められる訳でもないし，給料が上がる訳でもない．そもそも不良品をつくっているのは前工程の担当者であって，検査担当者の責任ではない．長年の慣習と善意で，このようにしていたということがわかった．

そこで，「検査担当者の皆さんの責任で不良が出ていた訳ではないし，皆さんが会社のためを考えてやっていてくれたことは痛いほどよくわかるのですが，真実の姿が知りたいので，これからはあるがままのデータを記入してください」と，噛んで含めるように何度も何度もお願いした．

その後記録してもらったデータで描いたヒストグラムが図 1.3 (b) だ．なるほど推測したとおり，上限ギリギリで規格内に入っていたデータの中には実は規格外の不良品が入っていたことがわかった．

ここで，前述のパターン 2 にも着目したい．下側規格とデータの分布との間にはたいへん大きな隙間が空いているという点だ．なんでこんな隙間が空いているのだろう．内容量が下側を下回ることは許されないということは全員の共通した認識だった．そこでどうしても上側すなわち安全側に逃げてしまう傾向

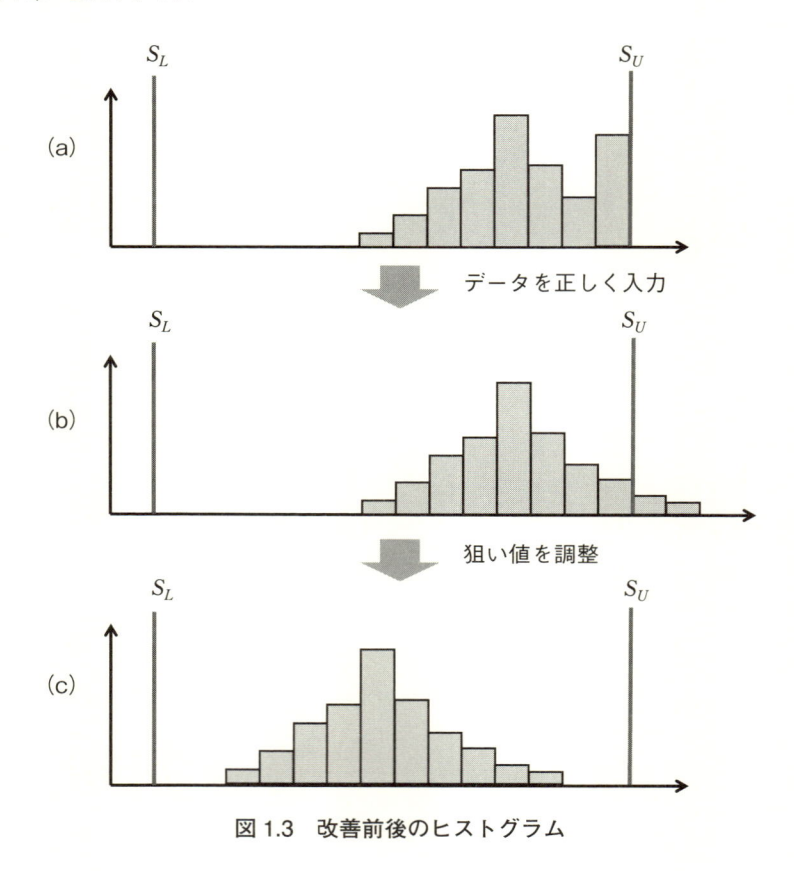

図1.3　改善前後のヒストグラム

があるということだった．

　しかし，このヒストグラムを見れば一目瞭然だ．下側の余裕が大きすぎる．ばらつきも十分小さい．もし，平均値を適量下げて規格の真ん中にもってきても，十分な工程能力があるのでまったく問題ないということになった．実際の対策は技術的には非常に簡単だった．工程設計の担当者が狙い値を調整しただけで，ものの数十秒で終わってしまった．

　その後のデータをヒストグラムにすると図1.3(c)となった．不良もまったく出ないほど工程能力も高いうえに，平均値を下げられたことによりその分だけ

コストを低減できてたいへんな成果を挙げることができた.

(4) 自動瓶詰工程改善の成功要因とは

自動瓶詰工程の改善事例の成功要因とその背景にある考え方をまとめてみよう.

① まず,データを「見える化」したことだ.ここでいう見える化とは,単に数字を掲示したりするだけではない.この場合,ヒストグラムを描いてその分布の形,規格値との関係を見えるようにしたことだ.

② 上記①で見える化した対象を,データそのものではなく,その裏にある「母集団」,すなわち工程の実態としたことだ.データをとおして,工程の実態を見える化できたことにより,大きな成果が得られたことだ.

図 1.4 は母集団とデータとの関係を示している.わが国の品質管理の黎明期に出版された『管理図法』[1]の中で述べられている「われわれはサンプルについて知識をえ,サンプルに対して行動をとるためにデータをとっているのではなく,母集団について知識をえ,処置,行動をとろうとしているのである」という一文は,出版から半世紀以上が経った今日でも実に新鮮なメッセージだ.

(5) さらに深掘りしてみよう

ここで,この事例を一件落着としてもよいだろうか.深掘りしてみるとさらに多くの改善点が見えてくる.

① この工程は「担当者の記憶にある限り」改善前の状況が継続していた.

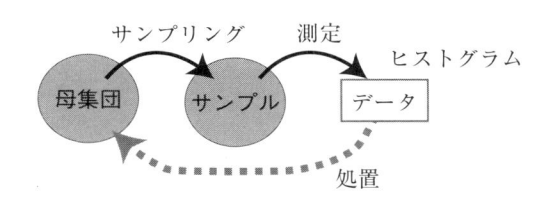

図 1.4 母集団とデータとの関係

データも完璧といえるほど取られていた．それなのに，なぜ，これだけ長い間この問題に気がつかなかったのだろう．どうしていれば気がついたのだろう．

② 今回の問題は，計量法の基準よりかなり厳しい基準にもとづいている内容量に関する不良という点で，お客様に直接的に悪影響を及ぼす重要問題という訳ではないし，かえってお客様側には多いほうがより良かっただろうという事例だ．味の問題やましてや安全にかかわるような問題ではないので目くじらを立てるほどではないといえるかもしれない．一方で，この工場では当然，化学成分や物理特性，味など，他にも多くの特性があるはずだ．この一事例から垣間見える工場の品質管理体制を見ると「他は本当に大丈夫か，他に改ざんされているデータはないのか？管理者が認識できていない不良の垂れ流しは起きていないのか」，また「これからは大丈夫か？」という不安が出てきてしまう．

直接の担当者の視点だけでなく，直属の管理者，あるいはより上位の管理者というように，その立場と目的を変えて，図1.4で示した「母集団」を解釈すると，いろいろな問題が見える化できる．

上記①②の問題の根源はどこにあるのだろう？

- 管理者・技術者が測定現場の実態を理解しないままに，取られたデータをそのまま信じてしまうこと，あるいは現場に対する無関心
- 取られたデータを個々に規格値（基準値）と比較して，その内側ならば「良い」と判断して終わりにするという習慣
- 「**良・不良**」という概念と「**定常・異常**」という管理の基本となる考え方についての無理解
- 範囲外のデータが見つかると，何らかの "たたり" に見舞われるという文化
- そのような**都合の悪いデータ**は何らかの方法で隠蔽・改ざんしてしまわなければならないという雰囲気

などだろうか．ただし，これはある意味で「臭いものには蓋をする」人間が本

質的にもっている弱みのようなものなので，絶無にするなどということはまず不可能といえるほど難しい話だ．石川馨先生の語録[2]に「データを見たらウソと思え」，「データを見たらいい加減と思え」とあることを改めて認識したい．

　見える化を促進することから，そのような文化を少しずつでも変えていけないだろうか．まずは手元にあるデータからヒストグラムを描いてその分布の形，規格値との関係を定期的に見える化することだ．今まで実践してこられなかった読者諸氏は，騙されたと思ってしばらく続けてみてほしい．**必ず何かが見えてくることを保証する**．

　「保証する」なんて大風呂敷を広げて大丈夫かと心配していただく方も多いだろうが，たぶん大丈夫だ．完全に安定して正規分布するような工程などめったにないということもあるが，実は「工程が安定して正規分布していれば，そこから取られたデータから描いたヒストグラムはきれいに正規分布する」ということも，実はめったにあるものではないからだ．図 1.5 の左側に並べたヒストグラムは，それぞれ $n=64$ の正規乱数を発生させて描いたものであり，右側は $n=128$ によるヒストグラムだ．これらのように正規乱数を発生させてつくったヒストグラムでさえ，きれいな正規分布にならないときも多い．データ数が 64 程度では，(1)，(7)，(10)のヒストグラムなどはとても正規分布とは判定しにくいし，その倍の 128 のデータでも，(1)，(9)などはかなり酷い．ましてや，生きている工程の実際のデータをヒストグラムにすれば，必ず何か「あれっ!?」という情報が出てくるはずだ．もちろん，本来は異常ではないのに異常と判断してしまうという「第一種の過誤」が出てしまうことは確かだ．その場合，いくら頑張って異常原因を追究してみても原因が特定されることはない．

　ただし，探すだけ探してみて異常が見つからなければそれはそれで良かったと解釈し，無駄なことをさせられたとは思わないでほしい．簡単なヒストグラムも描かずに異常を見逃してしまっているという「第二種の過誤」を犯し続けるよりははるかに良いはずだ．災害警報と同じで，実際に災害が起きていないのに警報を出してしまうという"誤報"を減らす努力は必要だが，そのような誤報であってもまじめに対応するという地道な努力が重要だ．"オオカミ少年"

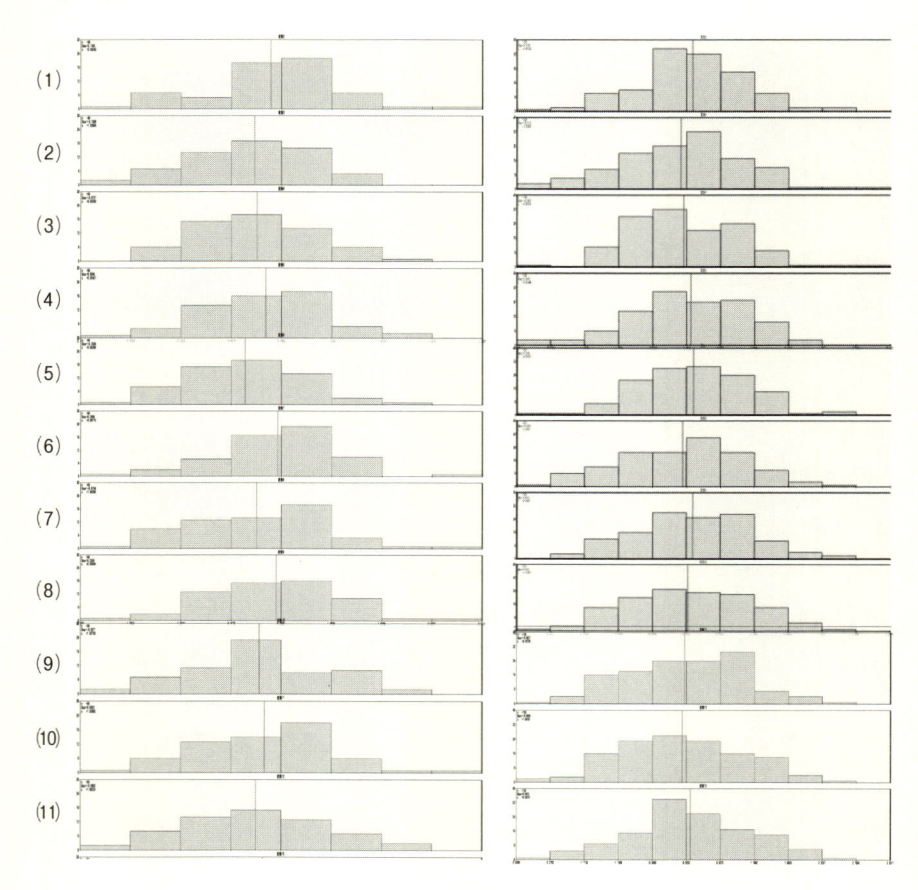

図 1.5　正規乱数から作成したヒストグラム（左列 $n=64$，右列 $n=128$）

として相手にしなかったり，叱責したりするというのは筋違いだ.

　それら異常情報を「**失敗の証拠**」として隠したり責め立てたりするのではなく，まずは気づいたことを褒め，さらにそれを改善のきっかけと捉えて積極的に深く深く掘り下げていく仕組みと文化を育てていきたいものだ.

1.2 ヒストグラムを使いこなそう

前節は，まずはヒストグラムを描いてみようよという話だ．ここからはさらに突っ込んだ議論を進めたい．ヒストグラムを描くという習慣ができた現場では，次に，それを使ってさらにご利益が得られるようにするという段階となるためだ．佐藤信先生の『推計学のすすめ』[3]を参考にまとめた以下の議論を進めてみよう．

(1) おじさんがパン屋にクレームをつけたところから話は始まる

むかしむかし，ある町に一軒のパン屋があった．そのパン屋では定番の食パンを1袋当たり400gと表示して販売していた．そのパン屋で毎日1袋ずつその食パンを買っていくおじさんがいた．そのおじさんは，最近どうも軽い袋があるような気がしていた．そこで，約3カ月間自分が買ったパンの重さを量ってみた．その結果をヒストグラムにすると**図1.6**のようになった．

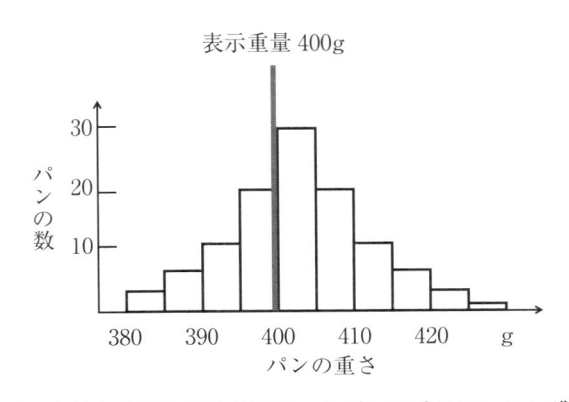

図1.6　おじさんが約3カ月間買ったパンの重さのヒストグラム

「ちょっと待ってよ．400g未満のパンが一つでも見つかれば，その段階

でクレームだろうが！」というご指摘もあるだろう．もっともな指摘だ．ただし，そうすると話がつながらなくなってしまうので何とか屁理屈を付けよう．例えば，このおじさんは実はとても悠長なので……とか，いやいやねちっこい性格なので……とか．

ヒストグラムを描いた翌日，おじさんはこの図を持ってパン屋に行き主人に言った．

「ワシが買ったパンのうち，約半分はホレこのとおり，400g 未満だったぞ．けしからん」

パン屋の主人はそのヒストグラムを見て言った．

「うーん，お客様は確かに当店の大事な常連さんで，毎日当店でパンを買っていただいていますし，ご近所でも評判の紳士だということは十分承知しております．このデータは確かでしょう．おっしゃるとおりだったかもしれません．当店は**品質**と**信頼**をモットーとしているパン屋ですが，こんなことは想定外の大失態です．当店としても 400g 未満のものは不良品としていますので，その分の補償として今後 50 日分無償で毎日 1 袋ずつ提供させていただきます．つきましては二度とこのようなことがないように，厳正なる品質管理体制をさらに強化いたしますのでご了承いただけませんか．申し訳ありませんでした」

(2) おじさんの一言から事態は変わった——暖簾をかけた論争の始まり

ここまでは，なんとなく良いムードだ．クレームを受けたパン屋の主人も神妙ではあるが愛想笑いで対応している．しかし，そのムードはおじさんの次の一言で吹き飛んだ．

「そうだ，補償するのは当たり前だ．ただし，それだけじゃない．**おまえの店で売っているパンの約半分**は 400g 未満だ．おまえの店はそもそも信用できない」

下手に出ていたパン屋の主人はここできれた．

「ちょっと待ってくれ．たしかに，あんたに売ったものの半分は不良だったかもしれない．でも，うちじゃ毎日 1 万袋のパンをつくっているんだ．このデータを取った 100 日間に毎日 1 袋ずつしか買っていないあんたにそんなことを言われる筋合いはない．1 万袋 × 100 日 = 100 万袋のうち，あんたが見つけた約 50 袋以外はみんな 400g 以上の良品だ．店の暖簾に傷がつくような言い掛かりをつけるのは営業妨害だ．慰謝料として 100 万円払え」

さてさて，非常に険悪なムードとなってきた．

もしここで，読者諸氏がこのおじさんだったらどうするかを考えていただきたい．大きく分ければ次の 3 つの手が考えられるだろう．

　　A：主戦論（こちらが正しい．あくまで戦う）

　　B：降参論（言いすぎた．素直に謝って慰謝料を払う）

　　C：その他

　ただし，「逃げる」，「後で考える」，「慰謝料を値切る」などの姑息な手は不可とする．

　「うーんなるほど，パン屋の主人の態度は面白くないが，たしかに 1 万分の 1 しかないデータで暖簾にまでケチを付けたのはやりすぎだった．せっかく 50 袋くれるといったのだからそこで止めておけばよかった．ここは，悔しいけど慰謝料を 100 万円出すしかないかなぁ．でも 100 万円はいくら何でも高いだろう」

　と考えるだろうか．あるいは，

　「何となくおもしろくないぞ．誰か賛同してくれる人がいればいいんだけど……．でも，他のお客さんに売られた分を量ろうにも，既にその大半は食べられてしまっているだろうし，もしそれらがパン屋の言うとおり全部良品だったら困る．自分が買った分だけが半分も不良品だったというのはなんとも納得できないけど，たしかにパン屋の言うとおり自分は毎日 1 袋ずつしか買っていない．どうやって反論すればよいかわからないので降参するのも仕方がないかなぁ」

　などと考えるだろうか．

(3)　ヒストグラムをとおして母集団を見る

　ここで答えを出すために，もし，仮に 100 日分の全部の 100 万袋のパンのデータを取って同様なヒストグラムにできたとしたら，どのような図になったかを**推測**してみよう．100 万袋のパンのデータから想定されるヒストグラムのいくつかのパターンを滑らかな曲線として描き，それとおじさんのヒストグラムとを比較してみたのが**図 1.7** だ．

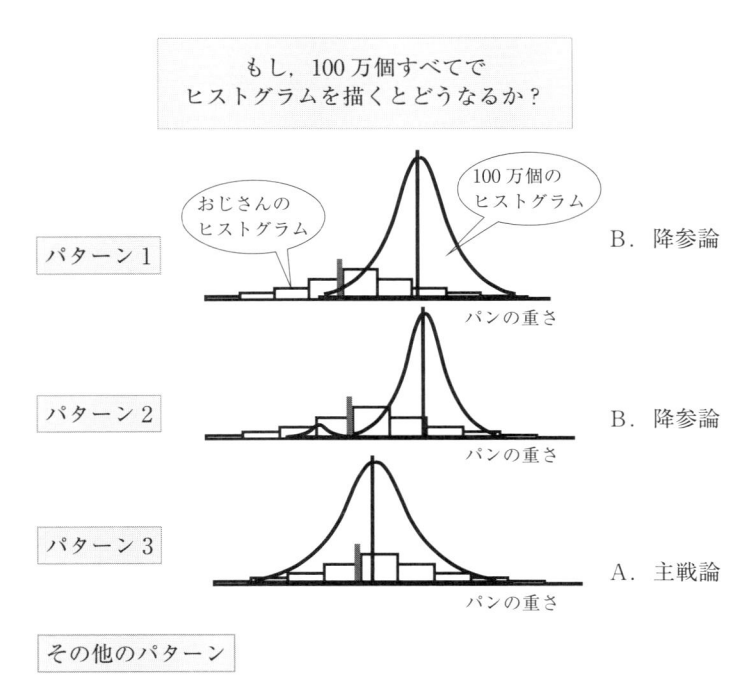

注）　データ数 100 万と 100 ではヒストグラムの大きさが違いすぎて同じスケールで描くと
　　比較できなくなってしまうので，ヒストグラムの形を比較できる比率としている．

図 1.7　想定される全データのヒストグラムとおじさんのヒストグラムの比較
　　（**概念図**）

【パターン 1】

　100 万袋のパンのほとんどは 400g 以上であり，ほんの少しの軽いほうの分布の裾の部分が 400g 未満となっている．たぶん，その部分がおじさんの不良品になった部分と推測する．ただし，この図とおじさんが描いたヒストグラムを重ねてみると中心値の位置がずいぶん違っている．

【パターン 2】

　100 万袋のパンのほとんどは 400g 以上であり，ほんの少しちょっと離れた「離れ小島」の部分が 400g 未満となっている．やはり，その部分がおじさんの不良品になった部分と推測する．ただし，この図とおじさんが描いたヒストグラムを重ねてみると，やはりグラフの位置も形もずいぶん違っている．

【パターン 3】

　100 万袋のパンの重量の中心値はほぼ 400g であり，約半分が 400g 未満となっている．やはり，その部分がおじさんの不良品になった部分と推測する．100 万袋のパンのグラフとおじさんが描いたヒストグラムを重ねてみると，ほとんど同じような位置と形になっている．

　もし，本当に 100 万個のパンのデータにもとづいたヒストグラムがパターン 1 かパターン 2 だとすると，パン屋の言うことが正しい．おじさんは，降参して丁重に謝り慰謝料を払うべきだろう．しかし，もし，パターン 3 だったとするとおじさんが正しい．いずれにしろ，今まで製造販売した分は既になくなっているので，おじさんにはどのパターンとなるかをただちに証明する手段はない．

　そこで，登場するのが「サンプリング」の理論だ．この場合，おじさんがよほどうまく選んで買ってきたならば別として，もちろん，パターン 1 やパターン 2 になることはまずあり得ない．たとえ 1 万分の 1 のサンプルだったとしても，そのサンプルが**ランダムに取られたものならば，おじさんのヒストグラム**

からパン屋の舞台裏がのぞけてしまうからだ.

　従来のレシピどおり製造してもらうところに立ち会って改めて全数のデータを取り始めるか, 以前の製造記録を調べるか, とりあえず, その日に並んでいる商品を全数量ってみるか……. 具体的にどのように証明するかは別として, この場合はおじさんの主張が妥当だ. おじさんは 50 袋のパンをもらえるし, 慰謝料を支払う必要もない. （パン屋は後ろめたいことがあり, それを隠すためにわざととんでもない慰謝料を吹っ掛けたのかもしれない.）

(4) 後日談――本当に改善できたのか？

　この話には後日談がある. 今回のことで悔い改めたパン屋は, お客様全員に, 今まで不誠実であったことを謝るとともに改善することを誓ったという. 当のおじさんはその後も毎日 1 袋ずつのパンを買い, その重さを記録し続けた. そして, また, 3 カ月後に作成したのが**図 1.8** のヒストグラムだ.

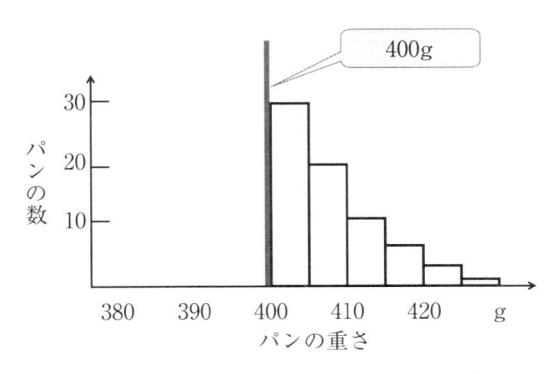

図 1.8　改善後（?）のパンの重さのヒストグラム

　さて, 今回おじさんはどんなコメントをすればよいだろう. 以下の 3 つから選びその理由も考えてみよう.
　A：褒める（誠意と努力を評価する）
　B：認めない（大した努力はしていない. まだ信用できない）

　　C：その他

　ただし，「何も言わない」，「もうしばらく様子を見る」あるいは「腹では○○だが，近所だし将来にしこりを残すのも××」などの誠意のない対応は不可とする．

　今回も前回同様に，100 万袋のパンのデータを取って同様なヒストグラムができたとしたら，どのような図になったかを**図 1.9** から推測してみよう．

【パターン 1】

　100 万袋のパンのほとんどは 400g 以上になった．ただし，このグラフとおじさんが描いたヒストグラムを重ねてみると形がずいぶん違っている．

【パターン 2】

　100 万袋のパンのほとんどは 400g 以上であり，おじさんが描いたヒストグラムと同様な位置で同様な形をしている．でも，分布の形が不自然だ．

【パターン 3】

　100 万袋のパンのグラフは以前のものと何も変わっていない．半分は 400g 未満となっている．おじさんが描いたヒストグラムを重ねてみると

> ずいぶん形が違っている.

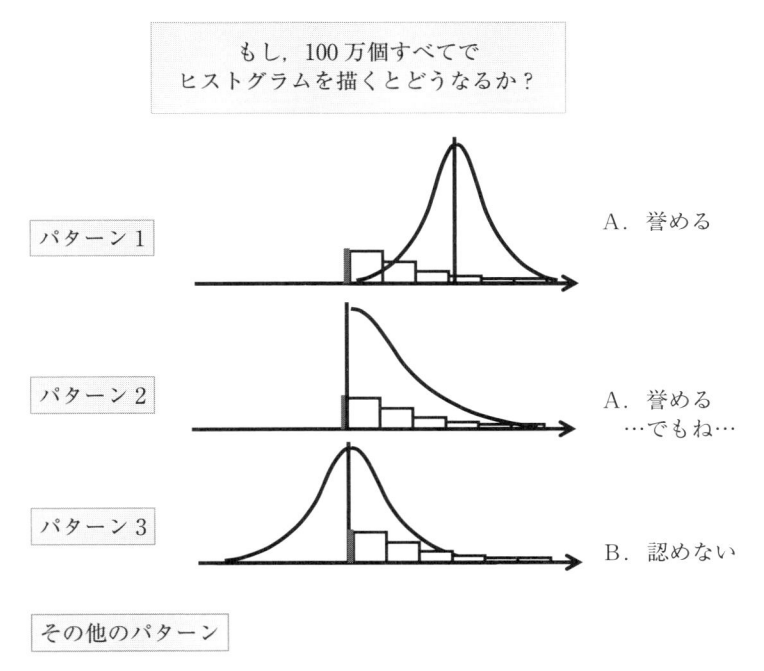

もし，100万個すべてで
ヒストグラムを描くとどうなるか？

パターン1　　A．誉める

パターン2　　A．誉める
　　　　　　　　…でもね…

パターン3　　B．認めない

その他のパターン

注）　データ数100万と100ではヒストグラムの大きさが違いすぎて同じスケールで描くと
　　比較できなくなってしまうので，ヒストグラムの形を比較できる比率としている.

**図1.9　改善後の想定される全データのヒストグラムとおじさんのヒストグラム
の比較（概念図）**

　パターン1の場合は，パン屋は相当努力したと言って褒めてもよい．全体の
平均値が上昇し不良品がなくなっている．ただし，以前に比べて全体の分布の
形は変わらずに平均値が大きくなっただけなので，パン屋としてはコストアッ
プになっているだろう．しかし，おじさんがよほど小細工をして買わない限り，
おじさんのヒストグラムの形と全体のヒストグラムの形がこれほど違ってしま
う可能性が低い．パターン1が起こる可能性は低い．
　パターン2だとすると，パン屋の言うように店先に並んだ商品の中には不良

品は入っていないようなので改善はできているといってもよい．ただし，この場合パン屋はどんな努力をしたのだろうか．おそらく，従来の倍の量をつくって，全部の重さを量り，400g 未満のパンは廃棄するか別用途にするなどの対策をとったと推測できる．すなわち，「品質を工程でつくり込んだのではなく，検査でつくり込んだ」訳だ．すると，不良はなくなったもののパン屋にとってはたいへんなコストアップになっているはずだ．いずれ値上げせざるを得ないか倒産してしまうだろう．短期的な努力は褒めてもよいが実はあまり褒められた状態ではない．

パターン 3 は以前のものと何も変わっていないので改善している訳ではない．しかし，おじさんのヒストグラムではすべてが 400g 以上であり，かつ，分布の形もずいぶん違う．こんなことはどうすれば起こるのだろう．まず考えられるのは，おじさんが買ったパンの母集団とパン屋の店先に並んだパンの母集団とが異なるということだ．おじさんのパンはこのパン屋の店先からランダムに買われたものではなく，何か偏ったサンプリングをされたと推測される．おそらく，パンの製造工程は何も改善していないが，「重要顧客」と認識されたこのおじさん用に，事前に量って合格したパンのみを別に確保しておき，……ということではないだろうか．おじさんとしては，特別待遇のあるうちはよいがいずれは……だろうし，他のお客様に対して申し訳ない．この段階でパン屋の努力を認めるという訳にはいかない．

ということで，今回の最も確率の高いパターンは，パターン 2 かパターン 3 だ．いずれにしろこのパン屋を褒めすぎないほうがよい．長い付き合いをするならば，平均値を上げるだけでなく，ばらつきを低減するように工程を改善して，コストを上げずに不良品を減らし，お客様とお店の win-win の関係をつくるように提言するのがよいだろう．

(5) お話の種明かし

さて，話はこれまでだが，全体の 1 万分の 1 しか買っていないおじさんがど

うしてこんな推測ができるのかを考えてみよう．

　そこには，

　　①　ランダムに取られたサンプルは母集団を代表する

　　②　重量のような特性は正規分布する

という基本的な性質があるからだ．

　前掲の**図 1.4** の母集団とデータとの関係を示す図はたいへん重要なので再度復習しよう．工程から特別な偏りがなくランダムに取られたデータをきちんと見れば，母集団の姿が推測できてしまうということだ．ここで，「ランダム」とは目茶苦茶にサンプリングされたという意味ではない．母集団の中の**すべてのサンプルが同じ確率**でサンプリングされるということだ．厳密なランダムサンプリングの方法は「サンプリング」に関する他書に譲ろう．

　データを取る目的は，そのデータ自体やそれからつくったグラフを見ることではなく，その元にある母集団を推定し何らかの処置をすることにあるということを再度強調したい．

　さらに，われわれはいろいろな品質特性はいろいろな分布に従うということを知っている場合が多い．重量や，長さ，大きさなどの多くの自然現象の結果は，その中心が一番高くなる左右対称の釣り鐘型のような**正規分布**に従うという原理を知っている．dB で測られる音や振動など，pH で測られる酸度，あるいは直角度などはそれぞれ別の分布に従うという原理も知っている．「5 ゲン主義」[4] を提唱された古畑友三先生が言うように，まずその現象の原理原則を押さえたうえで，それと現実のデータによるヒストグラムを比較することによってその本質が見えてくる．

1.3　いろいろなヒストグラム

　ある工程で，最近 1 カ月間に発生した重量不良について，その不良品の重量のデータを集めてヒストグラムを描いてみた．この工程では，全数自動測定され不良品は自動的に排除されているとしよう．その結果が，**図 1.10** だ．

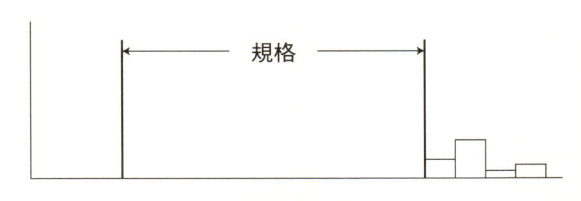

図 1.10　重量不良のヒストグラム

なるほど，規格の上限を超えたものが不良品だった．このデータの中には良品が含まれていなかったことから，まずは，測定と自動排除の仕組みがきちんと働いていることに感謝しよう．

それにしても，不良が出ていること自体が面白くないので，何とか改善したい．

さて，読者諸氏は，対策を立てるために，まずどんなことをしようと考えるだろうか．

【パターン 1】　そんな面倒なことは考えない．

【パターン 2】　関係者を集めてブレーンストーミングを行い，重量超過不良の原因を追究する．

【パターン 3】　良品も含めて一定期間のデータを集める．

【パターン 4】　その他

パターン 1 は論外としておこう．多くの方，特に経験の深い技術者は，パターン 2 が正解だとして早速技術的な検討を始めるかもしれない．まずは現場を見に行って詳しくメカニズムを検討し始めるという方もいるかもしれない．

図 1.11 は，その特性値が正規分布をしている場合の，規格値とヒストグラムとの典型的な関係のパターンを示したものだ．

今回，上限以上の不良が出ているのだから，現状は**図 1.11** の(a)ではないことだけは確かだが，(b)のように狙いの値が高すぎて全体に偏りが出てしまった結果として上側に不良が出たと言い切ってしまってよいのだろうか．下側の

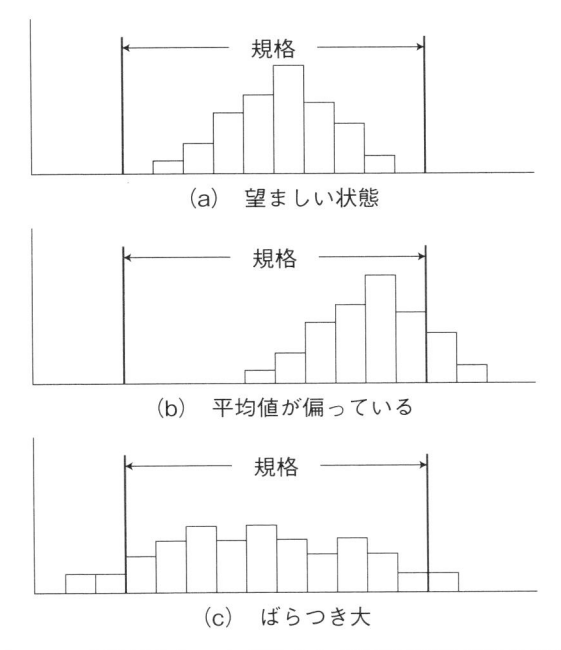

図1.11 規格値とヒストグラムとの関係（正規分布の場合）

不良は出ていないものの，（c）のようにばらつきが大きくてその上側の端が不良となってしまっているのかもしれない．

　さらに，図1.12 のように，全体の分布が正規分布していなった場合には，いろいろなヒストグラムが想定されてしまう．

　これらのことを考慮せずに，単に平均値を下げるだけのような対策をとったらどうなるだろう．ヒストグラムを見れば明らかだ．その対策が妥当となるのは，正規分布しておりかつ平均値が偏っている場合のみだ．例えば，ばらつきが大きすぎた場合に平均値を下げれば，対策後は下側に不良が大量に出てくるだけのことだ．

　ということで，正解は，「**パターン3　良品も含めて一定期間のデータを集める**」となる．

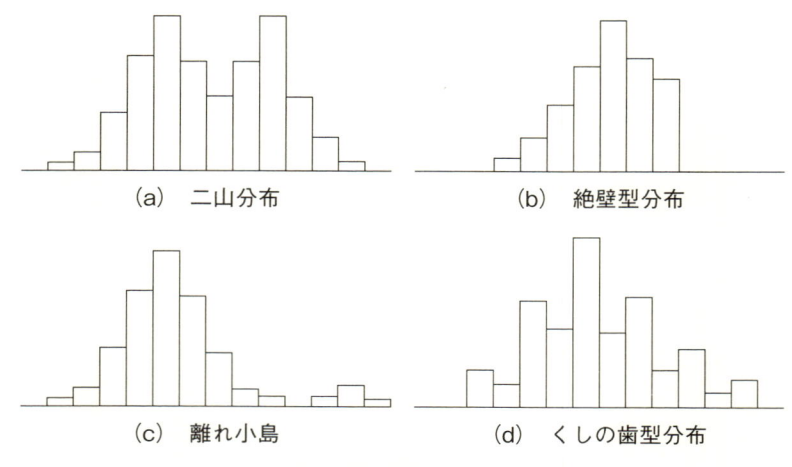

(a)　二山分布　　　　　　　(b)　絶壁型分布

(c)　離れ小島　　　　　　　(d)　くしの歯型分布

図 1.12　正規分布でない場合の典型的なヒストグラム

　多くの現場では，「不良品」と判定されたものについては，その不良状況を把握するために，再度精密に測定されてデータが取られて「解析」されるだろう．一方で，一度「良品」となったものについては「ああ良かった」ということで，そのまま販売されてしまったり次の工程に送られてしまい，そのデータは取られなくなってしまうことがあるのではないだろうか．

　以上の話は，不良品だけを見て全体像もわからずにむやみに対策をとればおかしなことになるという例だ．

　なお，良品のデータも取ろうと考えてくれた場合でも，全数のデータを半永久的に取らなければならないという訳ではない．ここで出番となるのが，サンプリングの理論と分布論だ．破壊検査が必要な測定ではそもそも全数検査などは不可能だし，世論調査・視聴率調査などでは不可能ではないものの効率が悪い．詳細は専門書に譲るが（例えば，永田靖『サンプルサイズの決め方』[5]），そのような場合に，適切なサンプリングにもとづいて適切な量のサンプルを取れば，母集団について求められる精度の情報が得られる．また，その判断の根拠となるものが，本来その対象はどのような分布をするべきかという，基本的

な分布論だ．最も典型的な分布は，左右対称釣り鐘型といわれる「正規分布」だが，実際のものづくりの工程や社会の中ではいろいろな分布がある．

■平均値至上主義の弊害

些か立ち入った質問で恐縮だが，読者諸氏の世帯ではどれほどのお金の貯えがあるだろうか？　いきなり七つ道具に関係ない，変なことを聞くなよと思われるかもしれない．

「総務省統計局の発表によれば 1,812 万円だ」と言われると，「七つ道具など考えている暇はないぞ」と焦ってしまう方もいるだろう．

図 1.13 は，ヒストグラムと呼ぶには抵抗があるかもしれないが，総務省統計局が毎年発行している情報の 2017 年分だ[6]．

この統計の元データでは，各世帯がどれほど借金をしているかという情報までは含まれていないなどの問題があり，単純に「各世帯でどれほどお金の貯えがあるか」という回答にはならない．その他いろいろな注釈もついている．

ただし，読者諸氏が最も違和感があったのは 1,812 万円という平均値の額そのものだろう．「わが家は中流のはずなのに，とても平均値には手が届いていないぞ．何かおかしいんじゃないのか」ということだろう（失礼！）．

実はその違和感の元は，分布の形にある．図のように，分布全体が左にひずんでいる一方で，高額のほうに長く裾を引いている．平均値はその長く引かれ

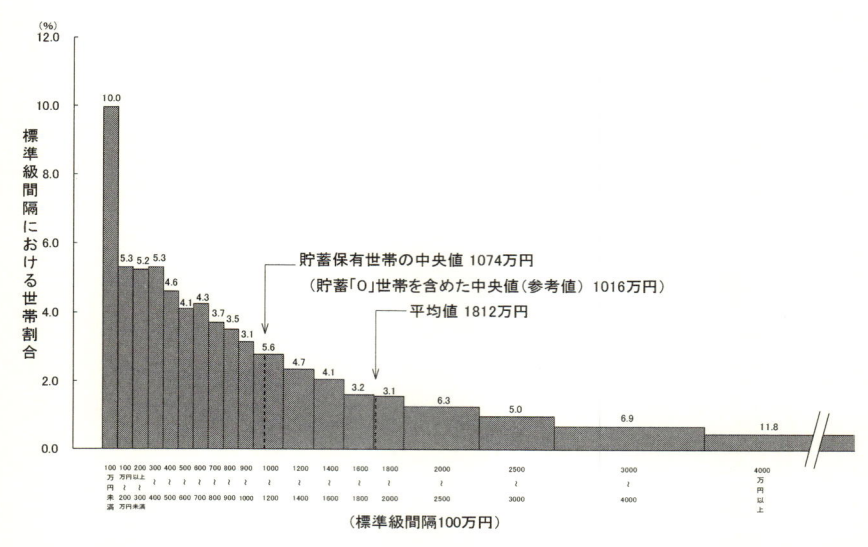

出典）　総務省統計局（2018）：「家計調査報告（貯蓄・負債編）－平成 29 年（2017 年）平均結果－（二人以上の世帯）」，p. 6.

図 1.13　貯蓄現在高階級別世帯分布－2017 年－（二人以上の世帯）

た世帯によって，随分上のほうに引っ張られている訳だ．上から数えても下から数えても真ん中という世帯（中央値）では，1,074 万円とやや違和感の少ない額になってくる．さらにこれを年代別などに層別すればさらに受け入れやすい額となってくる．

　ある自動車部品メーカーでは，昨年の平均不良率が 200ppm だったので，これを半減したいというテーマに取り組んだ．非常に高度な品質レベルの挑戦だということで，全員の再教育や設備の総入れ替えなどの対策をとろうということになった．ところが，不良率のヒストグラムを描いてみたら，何のことはない，まったく不良が発生していない非常に多くの定型品に対して，不良率 5 ～ 6％すなわち 50,000 ～ 60,000ppm となっていたいくつかの新製品などの非定型品が混じっていたのだ．全部を足して平均すれば 200ppm だったが，不良率

200ppm だった部品は一つもなかった.

　以上のように「平均値」とは，多くのデータが集められたときにその全体的な傾向をつかむためには最も基本的で重要な指標ではある．しかし，対策を打つ対象を表現するときに，平均値が意味をもつというのは極めて限定的だ．極論するならば異常値がほとんどなくて，分布が左右対称の釣り鐘型の正規分布型のときだけだ．ヒストグラムを見ないで何でもかんでも単純に計算した平均値だけで議論を進めようという**「平均値至上主義」**は極めて危険だ.

1.4 「母集団」ってなんだ

　前掲の**図 1.4** で，母集団とデータとの関係を示したが，蛇足ながら母集団というものをどのように理解したらよいかについて若干の解説をしておこう.
　まずは正確には少々難ありという説明で単純にわかった気になっていただき，そのうえで理解を深めるために少々面倒な話をしようということで二段階で解説しよう.

（1）　まずは単純に理解してもらおう（論理的には少々難あり）

【設問 1】

　ある池の魚を 100 匹すくって目印をつけて再び池に戻した．翌日，その池から 100 匹魚をすくったところ，その内の 10 匹に印がついていた．この池には何匹の魚がいると考えられるか．どうしてそう考えるか？　その**条件は？**

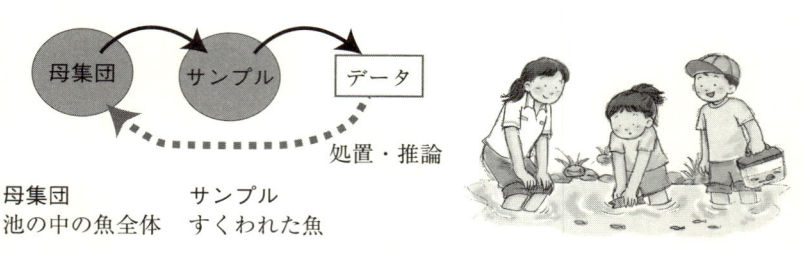

　　母集団　　　　　サンプル
　　池の中の魚全体　すくわれた魚

図 1.14　母集団とサンプル：池の中の魚

　そう，これは中学校の数学で習った問題をさらに簡単にした設問だ．少々考えすぎの人は 190 匹じゃないかと答えるかもしれないが，大方の皆さんはそのまま素直に約 1,000 匹だと答えるだろう．お惚けとしては 990 匹とか 1,001 匹だとか答えるかもしれない．その推定が妥当だという条件としては，例えば「大きな魚だけを狙ってすくったとか」の恣意的なものがなかったらというところだろうか．

【設問 2】

　袋の中に，赤球と青球が合わせて 100 個入っている．

　この袋をよくかき混ぜて中から 10 個の球を取り出したら，赤球が 7 個，青球が 3 個だった．袋の中の赤球と青球の数は**どちらが多い**と考えられるか？　どうしてそう考えるか？

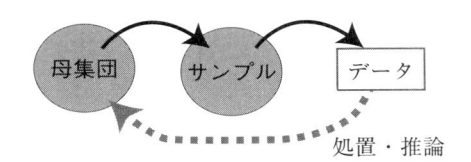

母集団　　　　　サンプル
袋の中の球　　　取り出した 10 個の球

図 1.15　母集団とサンプル：袋の中の赤玉と青玉

大穴狙いの方は「この際，青に賭けてみよう」という方もいるかもしれないが，これも素直に答えるならば「当然赤でしょ」と答えるのが普通だ.

設問 1 では池全体の魚を数えた訳でもないのに，設問 2 では袋の中をのぞいた訳でもないのに何でそのようなことが推測できるのか. それが，「確率的推論」の基本であり，集団の中から一部を取り出して調べ，それから全体を推定する「標本(抜取・サンプリング)調査」の根拠だ.

ここで，上記 2 つの例から母集団とサンプルとの関係を整理してみよう.

設問 1 ではこの調査の目的である池の中の魚の数が**母集団**であり，すくわれた魚が**サンプル**，その魚の数が**データ**だと理解でき，設問 2 では袋の中の球の数が**母集団**であり，取り出した 10 個の球が**サンプル**，赤球が 7 個，青球が 3 個というそれぞれの数が**データ**となる.

1.1 節の例では，生産されている飲み物全体の容量が**母集団**であり，シフト当たり 3 本ずつ抜き取られた飲み物が**サンプル**で，それらから測定された容量が**データ**だ. **1.2** 節の例ではパン屋で生産されたパン全体の重さが**母集団**であり，おじさんが毎日 1 袋ずつ買って量ったパンが**サンプル**で，それの重量が**データ**だ.

(2)　理解を深めるために少々面倒な話をしよう[*]

出来上がったスープの鍋からスプーンでひとすくい取って味見をしたとしよう(図 1.16).

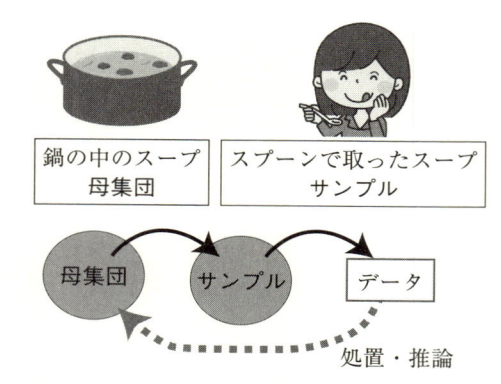

図 1.16　母集団とサンプル：スープの中からスプーンですくって味見

　この場合，単純に考えれば，スプーンで取ったスープがサンプルであり，鍋の中のスープが母集団だと考えればよいだろう．

　ここで，どのような立場の人がどのような目的で味見をしたのかを考えてみよう．上記の解釈は，このスープをつくった調理人が，今出来上がったスープの出来映えをチェックしようとして味見をしたという場合には適切な解釈だ．味見の結果によっては，そのまま食べてしまうか，お客様に提供するか，あるいは鍋の中のスープの味を調えるために何かをするかもしれない．

　次に，立場と目的を変えてみよう．

　受験生が入学しようとする料理学校を選ぶために，その学校の公開講座で味見をしたとしよう（図 1.17）．

　すると，美味しければその受験生はこの学校に決めようと思うし，不味ければ他校に行こうと決めるだろう．この場合，スプーンで取った部分がサンプルであることは変わらないが，母集団は鍋の中のスープというよりはこの料理学校の価値というようなものだと考えるほうがよいだろう．

　＊この事例は，（一財）日本科学技術連盟の品質管理セミナー・ベーシックコース・テキスト，尾島善一（1992）「第 3 章統計的方法の基礎」を参考にした．

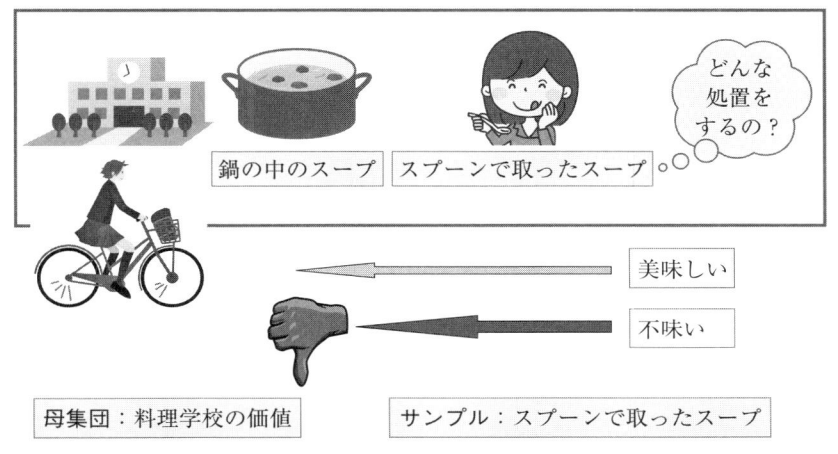

図 1.17 母集団とサンプル：受験生が料理学校を選ぶために味見

さらに，立場と目的を変えて，彼氏が彼女の手料理を味わいたいという場合はどうだろうか（図 1.18）．

このように，「サンプル」とは調査対象そのものであるから明確に特定できるが，「母集団」とは調査の目的によって異なる．すなわち，どのような立場

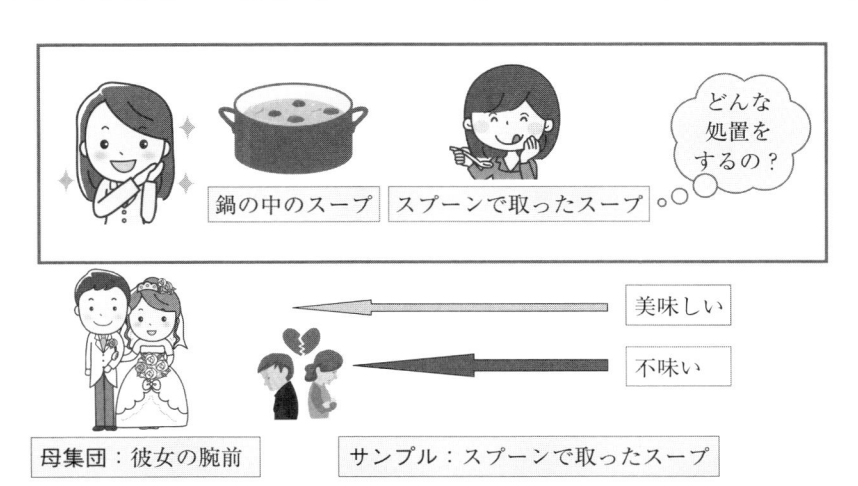

図 1.18 母集団とサンプル：彼氏が彼女の料理の腕前を知るために味見

でどのような目的でサンプルを取るのかを明確にしなければならないと言われるゆえんだ．さらに高い視点から母集団を解釈すると，より大きな改善機会にたどり着けるという訳だ．

　1.1 節の事例を担当管理者，上級管理者，品質管理担当者・管理者，さらには経営者という視点で見るとどうなるのか考えてみよう．

第2章

管　理　図

2.1　まずは簡単なグラフから

　管理図とは，統計理論にもとづいた「管理限界線」が入った時系列グラフだ．そこで，まずは時系列グラフについて考えてみよう．

　図 2.1 のグラフは，ある会社の A から F の 6 種類の製品をつくっている製造ラインにおける最近 2 カ月分の日々の不良率の推移を示すグラフだったとしよう．グラフ中に示されている目標とは，月とか週とかの平均が達成すればよいというものではなく，毎日達成したい値だったとする．さてさて困った．どの製品も目標未達成の状態で改善しなければならない状態だ．

(1)「慢性的」対「ばらつき大」

　まずはライン A とライン B のみに着目した図 2.2 から議論を始めよう．

　両方のラインとも目標未達成であることに変わりはないが，いささか状況が違う．ライン A は慢性的に毎日安定して目標に達成していないという状態であり，ライン B は日々のばらつきが大きく，また不安定であり，達成できている日もあるが，達成できていない日も多いという状態だ．

　ただし，残念ながら今手元にある情報は，このグラフと元となる日々の生産

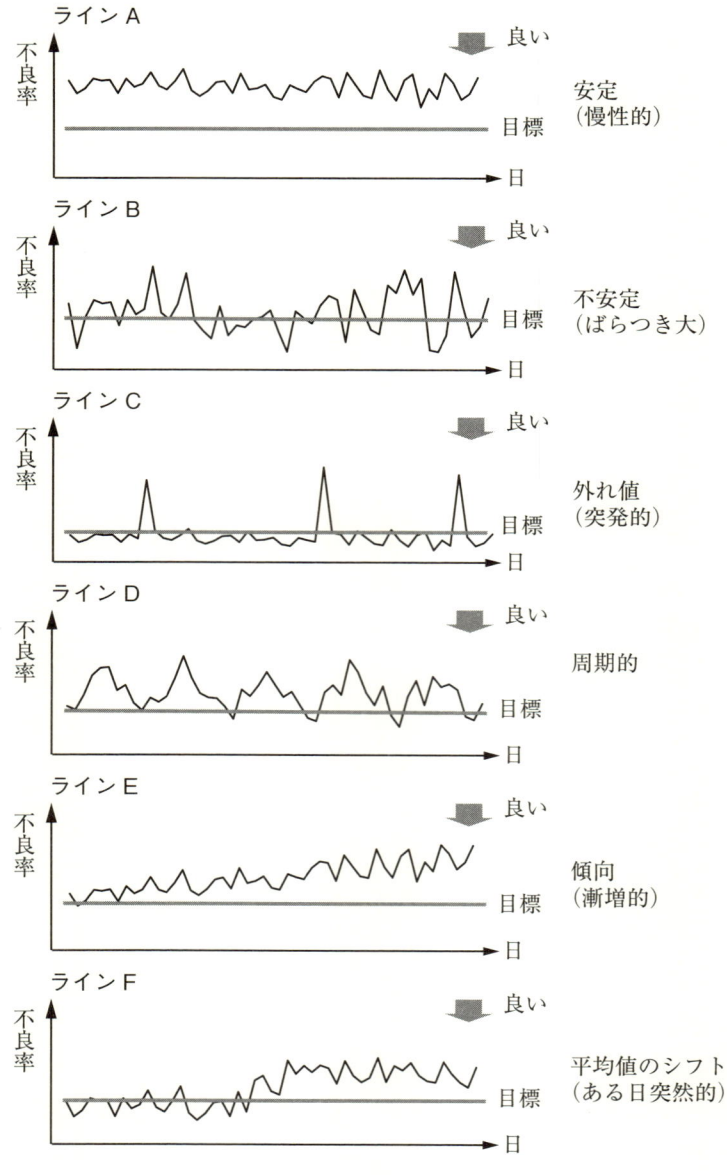

図 2.1　時系列グラフのいくつかのパターン

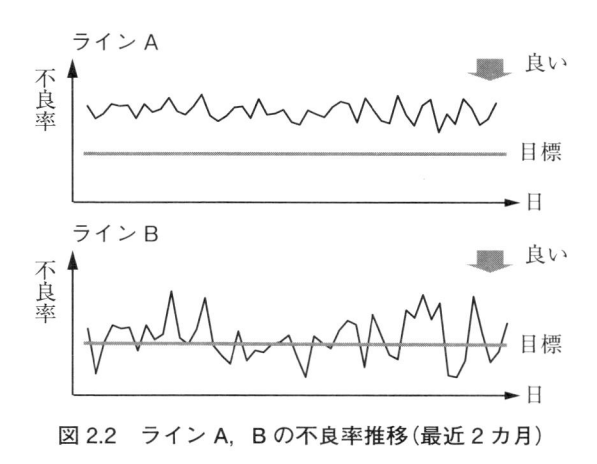

図2.2　ラインA，Bの不良率推移(最近2カ月)

量と不良数とそれによる不良率だけで，これ以上の詳細な記録はなかったとしよう．例えば，不良形態別のデータとか，不良箇所別のデータとか，担当者別とかのデータもなければ1日の中の時間的な推移のデータもない．当然，良品はすべて出荷してしまったし，残念ながら不良品もすべて廃棄してしまっている．さて，この状態で対策を考えようとしても，あてにならないKKD(経験と勘と度胸)による対策案程度しか思い浮かばないのでは，ここでお手上げとなってしまう．

　この際，なんとか楽してうまくやろうなどとは考えずに，きちんとしたQCストーリー的問題解決法(巻末の**付録**を参照)に則って改善しようじゃないかと襟を正すようにしてほしい．

　すると，「不良を低減するためには，従来の検査データに加えて，時刻・担当者・関係する工程の情報などのいろいろな属性を含んだデータを取って現状をよく調べよう」ということになるだろう．ところが実際に新たにデータを取るには当然費用も手間もかかる．いくらIoTが流行だからと言われても，この問題解決のためだけに，長期間にわたって多数のセンサーを設置してすべての詳細なデータを取れるようにするというのはハードルが高すぎてしまう．

　それでは，取っかかりとしてどのようなサンプリング方法にしたらよいかを

検討してみよう.

話を簡潔にするために，さらに次の前提条件を設けよう.

(1)　生産量：各々のラインでは200個を1ロットとして，1日に200ロット生産している.

(2)　予算：（残念ながら）詳細にデータを取るための予算は，各ラインにつき100ロット分しかない.

すなわち，よーいドンとすべてのデータを取り始めると半日分しかデータが取れないし，100日分取ろうとすると毎日1ロット分ずつしか取れない.

この予算の範囲で役に立つ結論を得られるようにするには，どのようなサンプリング方法があるだろう．まず，大別して次の2つの方法が考えられる.

①　少ないサンプルを長い期間取る方法（例えば，毎日4ロットずつ25日間）

②　多くのデータを短い期間取る方法（例えば，毎日25ロットずつ4日間）

これらをラインAとBとの組合せで考えてみると，**図2.3**に示す6つのパターンがある.

サンプリングパターン㋐とは，ラインAについてもラインBについても，少数のデータを長い時間取るという組合せだ．パターン㋑は，㋐の逆で，両方

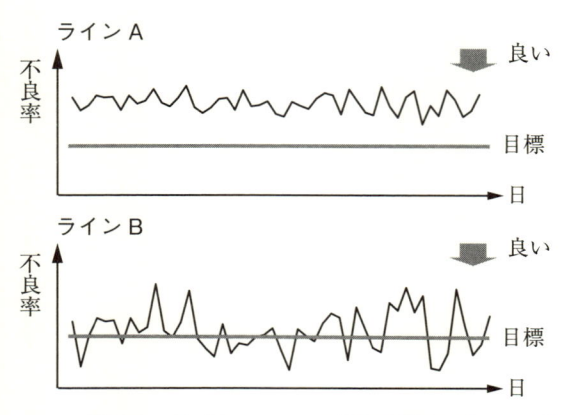

図2.3　ラインA，Bの時系列グラフとサンプリングパターンの組合せ

のラインについて大量のデータを短期間で取る組合せだ．パターン㈲は，ラインによって取り方が異なり，㈱は㈲の逆の組合せとなる．まあどちらでもいいんじゃないのという㈹というパターンもあれば，その他というパターンもあるだろう．

　さて，㈰〜㈹のどのパターンが最も妥当だろうか．また，その理由は何だろう？

　答えを考えるために，まず，ラインＡとＢそれぞれではどのような不良の起こり方をしているのか，すなわち母集団の姿を推察することから始めてみよう．

　ラインＡでは，慢性的に悪い状態が安定して続いている．グラフ上の最終日の翌日もそのまた翌日もたぶん，この延長上に来るだろう．すなわち，毎日同じような状態で不良が発生していると推測できる．例えば，朝は高くて昼に下がってきて，また夕方に高くなるという傾向があったとしても，その傾向自体はほぼ毎日同様に起こっているだろう．日ごとに不良形態別とか，不良箇所別のパレート図を描いてみると，それらもほぼ毎日同様なパレート図になるだろう．

　ということは，不良を発生させている原因もほぼ毎日同様に安定的に起こっているだろうと推測できる．

　ということは，極端に言えば，ある１日の中で発生する不良発生のメカニズムがわかれば，他の日も同様だろうと推測できる．そこで，１日というのは極端だとしても，短くてもその間に多くの情報が得られるようなサンプリング方法が得策だ．逆に，少しずつ何日間もサンプルを取ってみても，毎日ほぼ同じ結果にしかならず，時刻による変化のような１日の中で発生するばらつきについての情報は手薄になってしまう．

　ということで，ラインＡについては「**短い期間で多くのデータ**」を取るのが妥当だ，ということになる．

　ラインＢは目標値の上下にばらつきが大きく，かつ不安定な状態という場合であり，ある日は目標達成できるのに別の日はできないということが続いて

いるという状態だ．好意的に見れば,「達成できている日もある」ということだ.
すなわち，悪い日と良い日とを比較すれば，その違いの中にヒントが隠されて
いる．それを探し出して，日によるばらつきを抑えて，悪い日を良い日の状態
にできれば，全体も目標は達成できると推察できる．

　ということは，ばらつきの状況に合わせて，良い日と悪い日の違いを比較で
きる程度の長い期間のサンプリング方法が得策となる．もし，短い期間の中で
多くのサンプルを取ったとしよう．たまたまその期間に非常に悪い状況が続い
ていたり，良い状況が続いていたりした場合，本当に知りたかった**日間で起き
るばらつき**による原因はそのサンプルの中には入っていないことになってしま
う．

　実際には他の条件も考慮するので，これが唯一絶対の答えとはならないが，
以上をまとめると，

　　　パターン㈘　「ラインＡは方法１　ラインＢは方法２」
が最適となる．

　このように不良の発生のパターンによって，追加調査のためのデータ採取方
法まで変えるべきだ．なぜならば，それぞれの不良をつくっている原因の発生
パターンが異なっているからだ．

(2)　突発的な異常に対応する

　さて，読者諸氏は「１カ月前の〇月〇日，昼食に何を食べましたか」と聞か
れたらどう答えるだろう？

　普通の人なら「覚えていません」と答えるだろう．「私はいつも社員食堂の
定食なので，その日も定食だったと思いますよ」などと曖昧に答えるだろうか.
あるいは，何か答えないとまずいと思って，「その日はカツ丼でした」などと
いい加減に答えるだろうか．さらに「では，１週間前の××日はどうですか」
と聞かれたら，これも同様な回答となるだろう．それが，2，3 日前程度だと
覚えている人も多いかもしれない．

　図 2.4 は**図 2.1** のラインＣの場合だ．この場合はこの期間で 3 回目標を大幅

に超えているがそれ以外の日は目標を達成している．そして，この3回は他の日と比較すると明らかに「**異常**」だ．

目標を達成するには，この突発的に高くなる3回の外れ値を抑えられれば目標を達成できる．この突発的に高くなる不良を抑えるためには，突発的に起こるその原因を取り除けばよい．その突発的に起こる不良の原因を追究するには，「この突発的な不良が起こった日にいつもと違う何が起こったか」を把握することが定石だ．すなわち，これらの3日にどんな異常なことが起こり，その原因が何であったかを追究し，それらに対策すればよいはずだ．

とはいっても，よほどのことでない限り，そのような突発的な原因はあっという間に忘れ去られてしまうのが普通だ．例えば，このグラフのようなデータが自動計測によって取られており，自動的なシステムによって月に一度報告されるような仕組みとしていた事例を拝見したことがある．それらの異常の日に

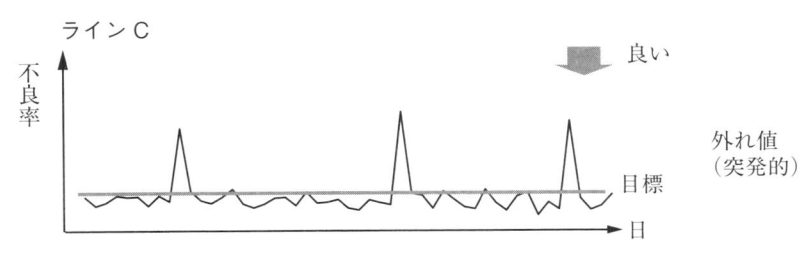

図 2.4 ライン C，外れ値が不良となっている場合

何が起こったかを追究しようにも，1カ月も過ぎてしまった後では原因追究できるような詳細な当時の状況などは誰も覚えていない．1カ月前の昼食に何を食べたかを覚えていないのと同様に，普通の人はそのようなことは覚えていない．

では，どうすればよいだろう．ブライアン・ジョイナーは『第4世代の品質経営』[7]の中で次のように述べている．

① 異常が起こったことをすぐに見つけられるよう，データがタイムリーに集められ，即座に責任者に報告されるような仕組みをつくる．

② 責任者に突発的異常の状況が伝わったら，即座にその原因を追究する活動ができる体制をつくる．

ここでいう「タイムリー」とは，その現場によってずいぶん異なる．大量生産の現場では，「10秒以内」という場合もあるし，プロジェクト的な現場では数週間でもよいのかもしれない．突発的に発生した問題に関する証拠・記憶は発生した直後からどんどん劣化していく．ラインCのパターンで問題が起こっている場合は，証拠・記憶が保全できているうちに問題の発生が責任者に報告され，直ちに現場・現物・現実で原理・原則を用いてその原因を追究する仕組みを動かすことが成功の鍵となる．

(3) その他のラインについて——いろいろな不良発生パターン

図2.1の他の典型的なクセのあるグラフについても考えてみよう．ラインDのように周期的に不良が起こる場合，ラインEのように不良がだんだん増えてきたような場合，ラインFのようにある日から突然不良が多くなってしまった場合などを見れば，たとえ不良率の平均値はほぼ同一であっても，その発生原因はラインによってまったく異なることがわかる．原因がまったく異なるならば，当然その対策も異なるはずだ．

現状がどのようになっているかを詳細に知らなければ妥当な対策など打ちようがないはずだ．

(4) 開発部門での応用

以上の話では，大量生産を行っている製造ラインだけの話と思われるかもしれないが，基本的には同様な考え方は開発・設計・営業やスタッフ部門でも応用できる．

■原因は想定外の使われ方にあった話

ある建設機械メーカーでパワーショベルのショベル部分に，クラックが入ったり穴が空いてしまったりという大クレームが発生した．同社の技術部門では，応力とクラックとの力学的・技術的な検討を繰り返し，その対策として問題が発生したショベル部を○○mm厚くして強度を高めるという対策をとった．しかし，問題は解消されなかった．それどころか，ショベル部が重くなってしまったためにアーム部に亀裂が入るという副作用が出てしまった．そこで，アーム部を太くするという対策を打ったところ，全体のバランスが悪くなってしまった．次に，カウンターウェイトを載せてバランスをとるという対策をとった．今度は，全体が重くなってしまい，エンジンがパワー不足となってしまったので大型のエンジンに取り替えることになり，コストが大幅に跳ね上がって

事実は小説よりも奇なり

重大クレーム

クラック
穴

41

現場では杭打ちに使っていた

しまった．しかし，それだけやったにもにもかかわらず，ショベル部のクラックの問題はなくならなかった．

そこで，「実際の作業現場を観察してきなさい」というアドバイスを受けたメンバーが，過去の故障履歴を調べて，その傾向に合わせて現場を見に行った．すると，想定にはなかった使われ方をしていることがわかった．現場ではパワーショベルを使って杭打ちをやっていたのだ．

これでは堪らない．ショベル部の肉厚を太くした程度ではとてもではないがもつ訳はない．現場にしてみれば，木槌を使って人力で打つより，レンタルで借りているパワーショベルで打ったほうがはるかに楽だった訳だ．原因がわかれば対策は比較的簡単だったという．それまで実験室で苦労してきたことは何だったのだろう．

■実はすべてが悪かったという話

ある工業用の機械メーカーのある商品では，ほぼ0.5％という高い率で「油漏れクレーム」が慢性的に発生していた．油漏れは，微量であれば適切にメンテナンスすることによって直接的にその性能を落とすような問題ではない．しかし，「油漏れ」とは本来そのような機械製品では「品質」の代名詞となってしまうほどのあってはならない問題で，ブランドに傷を付けてしまうような大問題だ．そこで，油漏れクレームが発生した客先にはすべて迅速に訪問し，「増

し締め」などの応急対策をとったうえで，油漏れが発生した機械を徹底的に調査したが，根本原因がわからないでいたために，もぐら叩きをしているようで，いつになってもクレーム率が下がらなかった．そこで，「クレーム発生品を図面と比較するのではなくて，0.5％のクレーム発生品と発生していない99.5％の製品との違いを調べよう」ということになった．結論は1週間もかからずに出た．

クレームが発生していない機械では，その機械の下にオイルパン（油受け皿）が置いてあったり，定期的に拭き取り清掃して給油するようになっていた．クレームがなかった製品は油漏れ問題がなかったのではなく，この機械は油漏れするものだと諦められていたために，油が漏れてもクレームにはなっていなかっただけの話だった．根本原因は油漏れを0.5％発生させてしまっていた製造段階ではなく，ほぼ100％発生させてしまっていた製品の構造自体の設計的な問題だった．

問題の全体像を把握しないで，体力勝負で現場に行ってみてもよほどの幸運でもない限り，原因につながるようなことは何も見えてこない．まずは手元にあるデータにもとづき，全体像を捉えて，仮説を立て，それに沿って現場を鋭い目線で観察することだ．ましてや，現場も見ないで，机上の空論だけで対策を打っても当たるのはよほどの高い技術力をもっているか，妖術のような洞察力か，幸運か，あるいは……．

(5) このグラフをどう読むか？

図 2.1 の例は，いささか極端な例ばかりに映るかもしれないが，図 2.5 の例ではどうだろうか．これも先月のある工程の不良率の結果のグラフだとしよう．目標値に対しては大幅に未達なので，何とか改善しなければならないことは明らかだ．

さて，読者諸氏はこのグラフからどのような情報を読みとるだろうか？

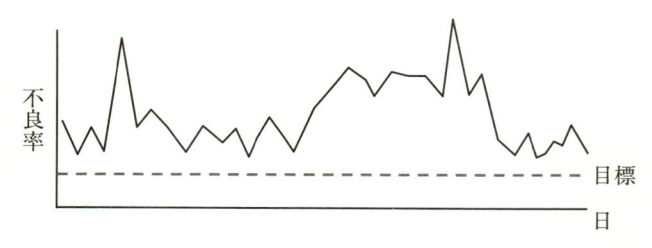

図2.5　このグラフをどう読むか？

【悪い例】

① 「先月結果はこうでした」

　　"こう"とはどのようなのかさっぱりわからない．人によって解釈がまったく異なる．具体的にこの後どのように改善を進めればよいかがさっぱりわからない解釈なので，情報量としてはまったくないに等しい．

② 「これが先月の不良のデータですが，1 日目は 3.5％，2 日目は 2.8％，3 日目は 3.3％，4 日は 2.9％……（というように 1 日ずつのデータを全部読み上げていく）」

　　上記①よりも多少マシに思えるかもしれないが，時間をとるだけ無駄が増えるという意味でさらに悪いともいえる．

③ 「うーん，酷かったね．先月は！　今月はがんばろう！」

　　これだけを言うのならば，グラフなど不要だ．このような解釈しかできない管理者・技術者はさっさと辞表を提出するべきだ．

【解答例】

　このグラフから次の行動のための方向性を打ち出せるような解釈が欲しい．主観的判断に頼るためいろいろな例があってもよいが，例えば，**図2.5**のグラフを次の 4 つの部分に分けて解釈してみよう（**図2.6**）．

① 突発的異常（さらに 2 つの別な異常として扱うほうが良いかもしれない）

② ほぼ 2 週間を周期としている大きな周期性

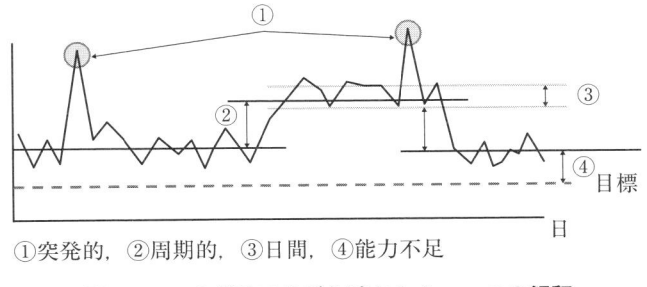

①突発的，②周期的，③日間，④能力不足

図 2.6 このグラフをどう読むか？ 一つの解釈

③ それぞれの周期の中に見られる，日々のばらつき（これは大したこと はないか）

④ 最も良い状態だった月末でも目標が達成できていないという，能力不足

ここでは，「不良率が高い」という 1 つの問題が発生していると見るのではなく，上記の 4 つの問題点が複合していると解釈してみようということだ．

すると，当然それぞれの原因は同じものであるということは考えにくい．したがって，1 つの対策を打てば目標を達成できるとも考えにくい．

(6) グラフを読んで現状の母集団を推察する

図 2.1 からいろいろなパターンの時系列グラフについて議論した．もちろん，すべてのパターンについて議論した訳ではない．しかし，ここでいえることは「そのパターンによって不良の原因は異なる．したがって対策も異なる」ということだ．このような時系列的なパターンも知らずに効果的・効率的に問題解決ができる訳がない．

月次の品質会議などで「今月は不良率が××％に増加してしまいましたので，○○という対策を行います」などという報告が何の疑問ももたれずに承認されてしまってはいないだろうか．よほど原因が明らかで単純でない限り，当然効果が出る訳がない．

2.2　時系列グラフは管理にも役立つ

(1)　TQM 流の「管理」の考え方と時系列グラフ

2.1 節では，時系列グラフを解析すれば現状の改善に役立つという議論をしてきたが，われわれの日常の仕事の多くは，改善する仕事だけでなく維持管理すること，すなわち「日常管理」だ.

ここで，TQM 流の「管理の考え方」をまとめてみよう.

① 　ある仕事を管理するために，その仕事の目的を明確にして出来映えを測る尺度(管理項目)を設定する.

② 　その尺度上で，現状の中心値と管理すべき幅(管理限界線)を決定する. 適当な頻度でデータを取り，グラフ上にプロットする.

(ア) 　すべての打点が管理幅の内側に入っており，かつ，連続的に上昇(下降)したり周期性が出たりするなどのクセがグラフになければ，仕事は順調に進んでいると判断し，そのまま継続する.

(イ) 　もし管理幅の外側に出たりクセが出たりした場合「異常」と判断する. その場合，まず，その異常な現象に対処するための応急処置をとる. 次に，原因を突き止めた後でその原因に対処するための再発防止策をとる.

このような管理の考え方の基本は，**図 2.7** の時系列グラフを用いた管理図の概念で単純化して説明できる. このような時系列グラフはわれわれの日常管理に欠くべからざる手法だ.

(2)　客観的な管理限界線が欲しい

現実にこのようなグラフを日常管理に使おうとすると，より客観的な管理限界線が欲しくなってくる.

図 2.8(a)であれば関係者 100 人中 99 人はこれらの 3 点は明らかな異常であると納得し，解析に時間と労力を使うことを納得するだろう. しかし，**図 2.8**

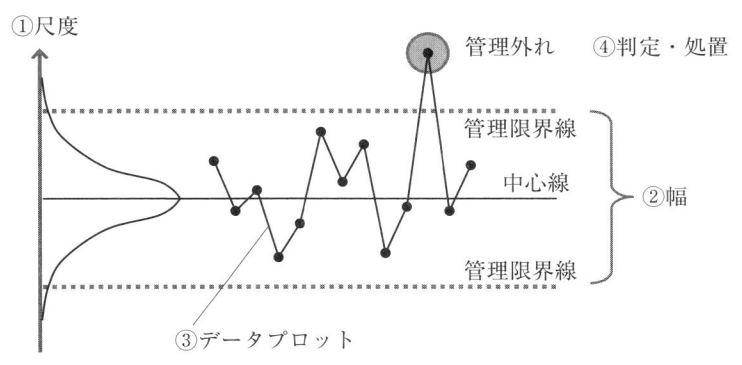

出典）『JSQC-Std 32-001：2013 日常管理の指針』，p.8，図 4.

図 2.7　管理図の概念図

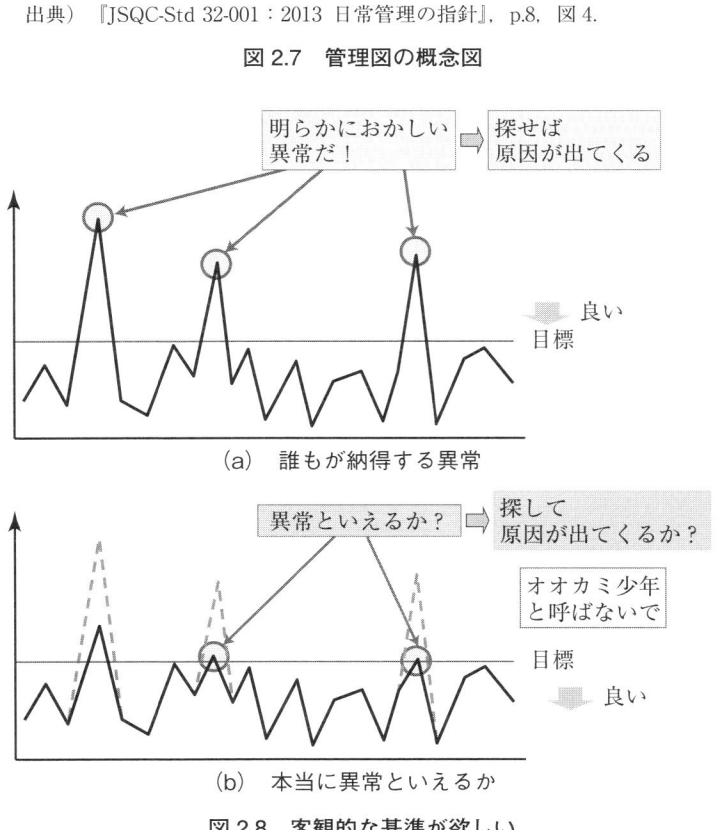

（a）　誰もが納得する異常

（b）　本当に異常といえるか

図 2.8　客観的な基準が欲しい

判断＼真実	異常	定常
異常	○	α
定常	β	○

図 2.9　統計的判断における第一種の過誤(α) と第二種の過誤(β)

(b)の実線のレベルではどうだろうか．これらの３点は確かに目標値を超えてはいるが，多くの人がこれらの点が普段と異なる異常値だと認め，時間と労力を使うことに納得するにはいささか無理がある．

　「異常だ」と判断したならば，時間と労力をかけて原因追究し対策をとるというのがお約束だ．すると，実際に異常が起こった場合にはそれを察知してその異常原因が見つかるようにしたいし，逆に，プロセスが安定しており異常が起こっていない場合には，余計な警告はなるべく少なくしてほしい．

　統計学をかじった方は，ここで第一種の過誤(α)と第二種の過誤(β)の話と結び付けて解釈するとよいだろう(**図 2.9**)．

　そのような安心感の拠り所を統計理論にもとづいて「管理限界線」として提供した時系列グラフが管理図だ．

2.3　ここでやっと管理図のお出まし

　管理図とは，統計理論にもとづいて「管理限界線」を与えた時系列グラフだ．「品質管理は管理図に始まり管理図に終わる」と言われた時代もあるほど，品質管理の考え方の基本となっている手法といえる．**2.2 節**までで述べた時系列グラフも使い方によっては**鬼**のように強力な武器だが，それに加えて統計理論にもとづく客観的な判断ができる管理線をもたせる訳だから，まさに**鬼に金棒**だ．

　時系列グラフは **2.1 節**のように現在の状態を解析するために役立てる場合と，**2.2 節**のように現在ほぼ満足できている状態を維持管理するために役立てる場

合とがある．管理図では前者のような使い方をするための管理図を「**解析用管理図**」と呼び，後者のような管理図を「**管理用管理図**」と呼んでいる．

　まずは，解析用管理図を用いて現状の工程が十分に安定しており，かつヒストグラムと併せて考察した結果として十分な工程能力をもっているかどうかを判定する．もし，工程が不安定であったり工程能力が不足していると判定した場合，異常なデータを吟味したり，管理図をさらに層別したり群分けを工夫し，改善する方向性を検討する．その改善活動の結果として，工程が安定し工程能力が十分となった場合，その状態を維持するために管理用管理図として使うというのが基本だ．

(1) 異常は不適合と明確に区別しなければならない

　一般的な管理図の解析用管理図のつくり方については多くの解説書が出ているうえに，今日では多くの有用なソフトウェアが広く出ている．つくり方の中でハイライトとなるのは，目的と状態に合った管理図の種類を選ぶことと，それぞれの管理図の理論で与えられた式を使って管理限界線を計算するということだろう．これらさえできれば，データをグラフにプロットするだけのことなので，それほど難しい話ではない．

　管理図の種類については，1931 年に米国のベル電話研究所のシューハート

博士[8](W. A. Shewhart)によって提唱されて以来，今日でも多くの研究者によって新たな管理図が提案され続けているというほど多くの種類が提案されている．それらの詳細は他書に譲り，本書では管理図の中で最も一般的な $\bar{X}$–R 管理図を用いてその本質を議論しよう．

ここで，古くからある疑問がある．その $\bar{X}$ 管理図で，「面倒な計算が必要な管理限界線ではなく，規格値の線を入れたらどうか」というものだ．

さて，読者諸氏はどのように考えられるだろうか．答えは「その他」を含んだ以下の5通りだろう．

【設問】

$\bar{X}$ 管理図で，管理限界線の**代わりに**，規格値の線を入れたらどうか．

　　A：より良い

　　B：良い

　　C：場合によりけり

　　D：ダメ

　　O：その他

ちなみに，「管理限界線に**加えて**規格値の線を入れたらどうか」という疑問はこの後で議論するのでちょっと待ってほしい．

「A：より良い」という解答の根拠は，「本来われわれは良品をつくるのが目的で，その根拠はお客様や後工程の要求から出てきている規格値を守ることだ．いくら管理限界の内側だからといって，規格値を超えていたのでは意味がない．統計だか何だか知らないが，品質管理の最も基本的な本質だ．管理限界線などという訳のわからない線ではなく，規格値を入れるべきだ」というところだろうか．

「B：良い」という根拠は，「実はほとんどAだが，昔からある管理図なので，管理限界線というのも何か意味があるのだろうからあんまり強くは主張できない．でも，規格値を超えたらたいへんなことになるのだから，自分が使うなら

ばやっぱり規格値を入れるだろうな」というところだろうか.

「C：場合によりけり」という根拠は,「もし,管理限界値が規格値よりも狭い場合は,より精密な管理ができるので,管理限界線のほうが良いが,その逆の場合は管理限界線の内側だとしても不良が出てしまうので,規格値のほうが良い」などと考えるだろうか.

「D：ダメ」という根拠は,「$\bar{X}$管理図ではいくつかのサンプルの測定値の平均値である$\bar{X}$をプロットしている.すなわち,そのサンプルの中に規格値を超える不良品が入っていても,他の値と合わせた平均値は,規格値の内側に入ってしまう場合もある.規格値の内側にあるからといって不良がないという訳ではないので不適切だ」というところか.

「O：その他」の中には,「そもそも時系列グラフなど要らない.一つひとつを丁寧に見ていけばよい」,「限界線など要らない.グラフを見ていれば判断できる」など,いろいろなことを言ってくれる人がいるだろう.世の中,いろいろな考えがあるから面白い.

規格値とは製品個々が不適合かどうかを判定する基準だ.それに対して,多くの製品が入っているロットから取られたいくつかのサンプルの平均値である$\bar{X}$を,その規格値と比較してみてもおかしいだろうということで,「D：ダメ」

というのが正解であることは直観的に理解できるかもしれない．しかし，実はこれは本質的な説明にはなっていない．それならば，「$\bar{X}$ ではなく，すべてのデータをプロットすればよいだろう」とか「個々のデータをプロットする X–Rs 管理図を使って規格値の線を引けばよい」という反論も出てくる．

■管理図の存在意義

　この設問を考える場合，日本品質管理学会の規格『JSQC-Std 32-001：2013 日常管理の指針』にまとめられている「異常と不適合」に関する考え方を参照してみよう（図 2.10）．

　「異常は，不適合（定められた規格に合っていない事象）と明確に区別しなければならない」[9]異常があるかどうかということと，不適合があるかどうかということは次元のが異なる話で，図 2.10 のように 2 次元の 4 つの組合せで説明できる．図中では不適合の有無をヒストグラムで概念的に表現して，異常

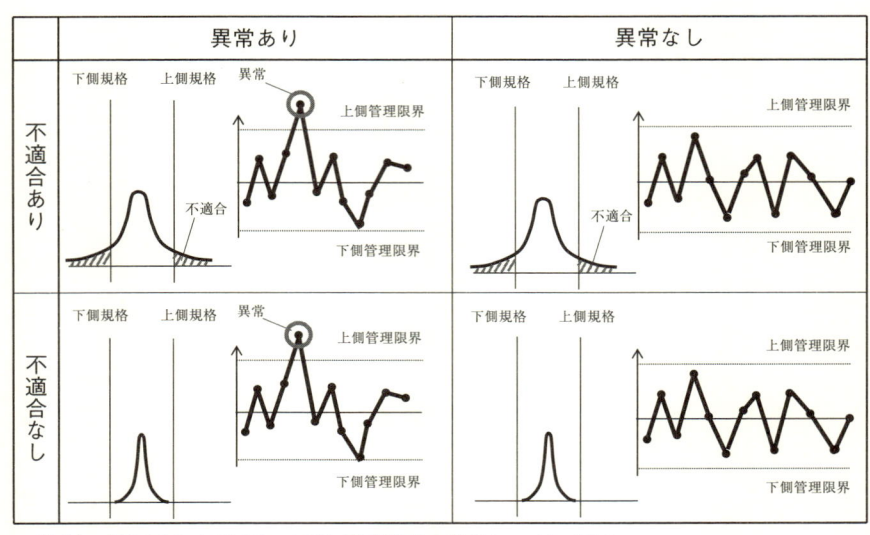

出典）『JSQC-Std 32-001：2013 日常管理の指針』，p.11，図 6.

図 2.10　異常と不適合

の有無を管理図で表現している．もし，「不適合あり・異常あり」の組合せと，「不適合なし・異常なし」の組合せだけですべての状況が説明できるならば簡単だが，「不適合あり・異常なし」の組合せと，「不適合なし・異常あり」の組合せがあるということを認識しなければならない．

　不適合ではなくても異常が発生する場合は見逃せない原因があったと考えられるため，その異常の原因を追究ことによって，より良い結果を得ることができる [9]．他方，定常的に不適合が発生している場合，基本的な工程の能力が低いため，特定の群や傾向の原因となる条件を追究するのではなく，群内のばらつきに着目するという，より細かい現状把握をする必要がある [9]．

　すなわち，管理図とは**工程が安定しているかどうか**を“診る”ための道具であって，個々のデータや個々のロットの**合否を判定する**ための道具ではない．100ppm 以下を求められるような工程で，検査工程の前までの不良率が高い場合，全数検査あるいは全数複数回検査を実施してもなかなかその流失を止めることは難しい．ましてや抜取検査で何とかしようなどというのは端から無理だ．工程で品質をつくり込めるような工程を設計し，その工程を安定させるために，わずかな異常を鋭敏に捉えて迅速に工程に手を打たなければ達成はおぼつかない．

　以上が「D：ダメ」が正解であることの本質的な理由であり，これこそが管理図の存在意義だ．

　ちなみに，「管理限界線に**加えて**規格値の線を入れたらどうか」という疑問に対する答えとしては「人を見て法を説け」とお勧めしている．前述したことがよくわかった人たちばかりでその管理図を使うときに，管理図に規格線が入っているというのはそれなりの情報にはなる．群の大きさを考慮して元のデータの標準偏差の大きさを推測できる人にとっては，規格線が入っていればそれなりに工程能力を推測できる．一方でその基本知識のおぼつかない人に見せると，これまでの議論のように，管理限界よりも規格値を優先させてしまう危険性がある．そのような人がいる場合には規格線は入れないほうが無難だ．

わかっていない管理者にもある程度わからせたいという読者諸氏には，余計なことを考えるより，規格線を入れない管理図とヒストグラムとをペアで提示するという方法を強く勧めたい．

(2)　不適合を減らすための管理図による解析

現在不適合が出てきてしまっている中で，それを低減するためにも管理図から得られる情報は重要な手掛かりとなる．

管理図を描かないままに「○○不適合」の原因追究をするための特性要因図を描いたとしよう．思い浮かぶ要因は文字どおりゴマンとある．その中からどうやって「真の原因」を絞り込んだらよいのだろうか．「関係者が集まってブレーンストーミングで決める」，「一人に 10 点ずつ与えて(課長は 15 点)，これはと思うものに投票する」などの方法もあるが，これらは所詮 KKD(経験と勘と度胸)をまとめただけものであって，問題がよほど簡単な場合は別として問題を解決するには力不足だ．

まずは，極端な異常が出ている場合や傾向などが出ている場合は，**2.1 節**を参照してほしい．それらがない場合，前掲の**図 2.10** の上側の組合せを見てみよう．「不適合あり・異常あり」の組合せと，「不適合あり・異常なし」の組合せだ．

$\bar{X}$-R 管理図では，群の取り方をいろいろと工夫してみることによって，大きなばらつきの要因がどのあたりにあるかということが絞られてくる．それによ

って全体のばらつきをいろいろなばらつきに分解することによって，「真の原因」の候補を絞り込むことができる．データ分析などしている暇に，KKD やローラー作戦で迫るのも時間と資金と根性があればよいかもしれないが，「急がば回れ」ということで，このようなデータ分析に一晩つぶしてみるのもよいのではないかと思う．ただし，池澤辰夫先生（早稲田大学名誉教授）がよくおっしゃられていたように「回らば急げ」だ．データ解析をちんたらちんたらやっているのではいつ終わるかわからない．以下のような基本を踏まえて効率的に解析しよう．

（3）　解析用管理図の読み方

（a）　異常の判定基準

JIS Z 9020-2：2016（シューハート管理図）[10] の附属書 B の中では，8 パターンの異常判定基準が用意されている．

これらの判定基準はいろいろな異常パターンを想定した確率計算から提案されている．筆者はこれらの判定基準は参考にはするもののあまりこだわりすぎないほうが良いと思っている．「異常」とはまさに異常であり，常とは異なることだ．典型的な異常は記述できるとしても，異常の数だけ異常のパターンがあるといえる．したがって，ここにはない異常のパターンも当然起こり得るからだ．

さらに言えば，これらを使って単に「異常」と判定しただけでは大したご利益にはならない．それぞれの背景にどのような母集団の変化が起こっているかを推測することによって問題点を絞り込むことができる．

（b）　こんな管理図はどうするか

読者諸氏は**図 2.11** の管理図をどう解釈するだろうか？　**図 2.11** ではすべての点が管理限界線の内側にあるというだけでなく，ほとんどの点が中心線のごくごく近くにあり，限界線近くにはほとんどない，ばらつきが非常に小さい状態に見える．これを「すごく良い安定状態」と判定してよいのだろうか？

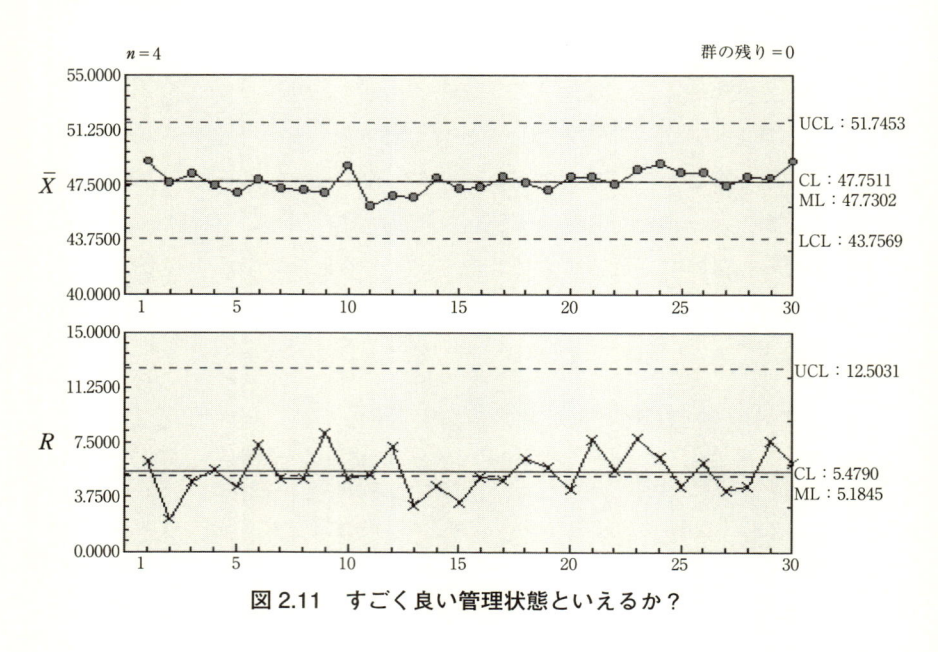

図 2.11　すごく良い管理状態といえるか？

　実は，この状態も不自然だ．もし，工程が安定した正規分布で管理されている状態ならば，ある確率で，管理限界線の近くにも打点がなければおかしいのだ．

　このような場合は，群内に平均値の異なるいくつかの母集団が混ざっていると推察できる．例えば，**図 2.12** のように平均値が異なる機械 A と機械 B が，一つの群の中に混ざって両者から同数のサンプルが取られていたとしよう．するとその全体の平均値は両者の中央になってしまう．また，範囲 R から推測する群内のばらつきは点線で示す正規分布のようになってしまう．したがって，CL（中心線）はもともとそこにはほとんどデータのない両者の真ん中に偏ってしまい，管理限界線の幅はたいへん広くなってしまう訳だ．このような状態では，多少異常であっても管理図でそれを異常として検知するのは難しくなってしまう．

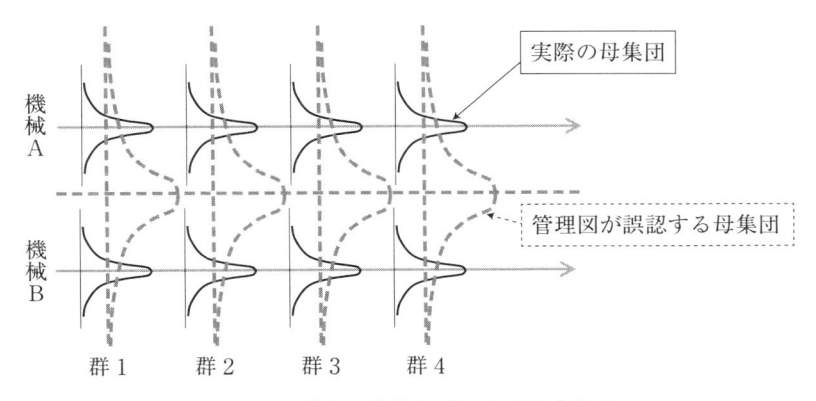

図 2.12　群内に異常なデータが入る場合

(4)　管理用管理図のつくり方とその使い方の実際

(a)　管理用管理図のつくり方

　ある工程が安定していると判断できた場合，その状態を維持していけば良い
と考えるのが自然だ．管理図でも同様だ．解析用管理図でその工程が安定して
いると判定した場合は，その管理限界線を単にそのまま延長し，その後のデー
タをプロットしていけばよい．図 2.13 はその例を示したものだ．

　そこで，もし図 2.13 の最後の点のように，従来の延長上の点が「異常」を
示した場合は，「工程で何か異常なことが起こった」と判断して，個別の原因
追究と対策を検討していくことになる．したがって，どんなに高価なソフトウ
ェアを導入していたとしても，管理用管理図はその担当責任者が自らの手でタ
イムリーにデータをプロットしていくのが基本だと筆者は考えている．

(b)　管理限界線の再計算

　管理用管理図を長く継続していると，次のような場合には，工程の実態と管
理図での判定が乖離してしまうので，管理限界線を再計算する必要が出てくる．

①　技術的に考えて工程に大きな変化があった場合

②　管理図に異常が現れ，工程が変化したことがはっきりした場合

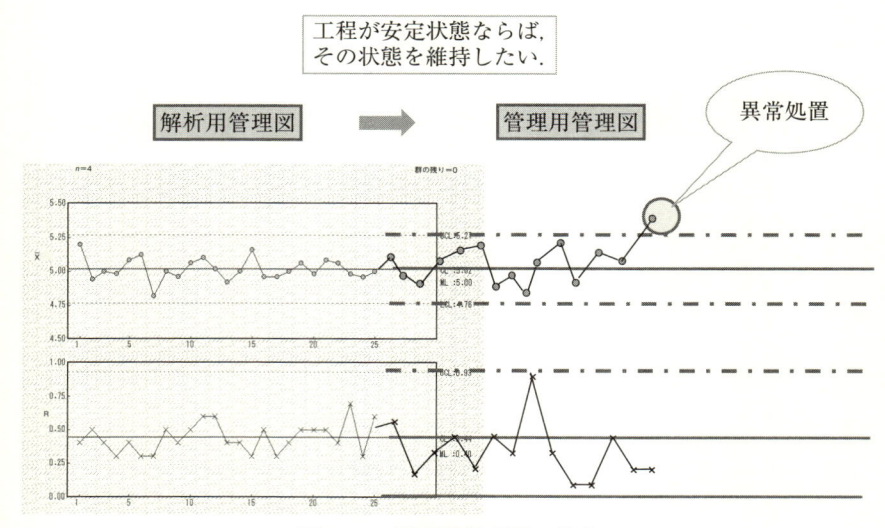

図 2.13　管理用管理図の基本

　ちなみに，「工程に変化がなくても，一定期間経過したときには再計算する」
という解説が散見されるがこれは誤りだ．**図 2.14** は管理限界線を形式的に毎
月再計算して書き換えていたために，長期間工程が変化していることに気がつ
かなかったという例だ．あるとき，何か変だと思って 5 カ月分を並べてみたら，
最初の月の段階から徐々に平均値が上がってきてしまい，現在では非常に大き

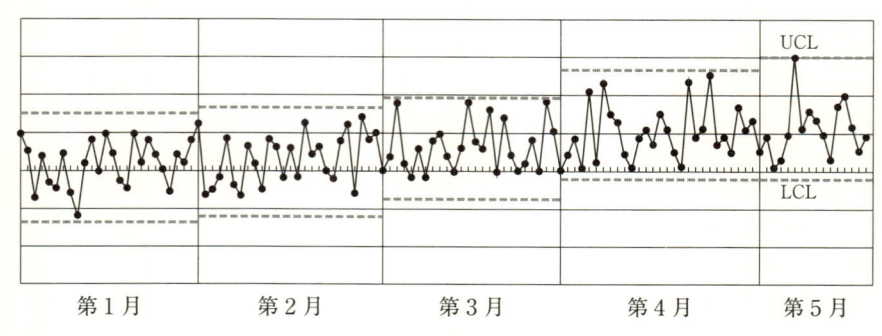

図 2.14　管理限界線を毎月再計算した管理図

く変わってしまっていたという例だ．意味もなく管理限界線を毎月再計算するという悪習さえなければ，3 カ月目ぐらいには異常に気がついていたはずだ．

（c）　管理用管理図の運用

　〇月5日にある工程で**図 2.15** のような管理用管理図が掲げてあったとしよう．さて，この管理図はどのように解釈したらよいだろうか．

　いろいろな解釈をしようとする努力には敬意を表したいが，正解は「突発的な異常こそ出ていないものの，これでは何もわからない」ということだ．打点が少なすぎるので，安定しているとも言い難いし，ましてや下降傾向にあると判定するのは早合点だ．傾向を読み取ろうとするには，少なくとも 10 〜 15 点程度はないと何も判定できない．

　ところが，いくつかの工程では，「管理図を毎月更新する」というおかしな悪習がある．そこでは毎月月初では上記のような管理図ばかりになってしまい，クセが判定できないようになってしまっている．このような管理の仕方をして

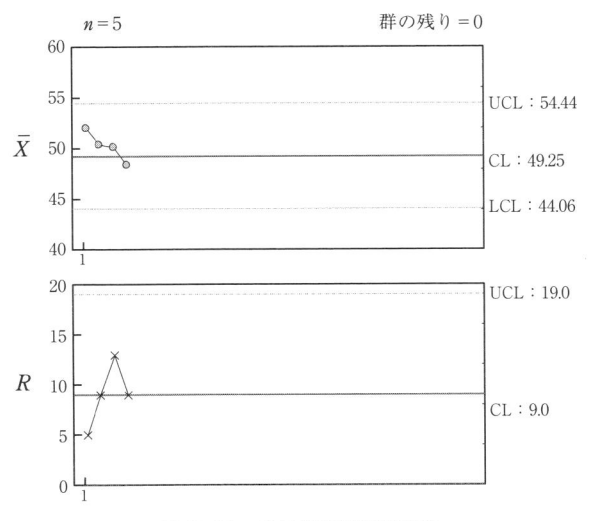

図 2.15　ある管理用管理図

いたのでは，管理限界線の内か外かしか気にしていないのではないかと疑いたくもなってくる．対策は簡単だ．長い紙を使えばよい．

（5）　技術的にクセがあることがわかっている特性についての管理方法の工夫──さらに調整工程への適用

実際の工程の中には，個々のデータが独立に正規分布に従う訳がないということが技術的にわかっている特性もある．多くの機械加工工程などにおける研削工程での切削開始からその完了までの時間などはその典型例だ．新しいドリルに交換した直後は調子が良いので短時間で終わる．それが，だんだん使用していくうちにすり減ってきて，それに伴って切削時間はだんだん長くなっていくのが当たり前だ．それが，ある程度になってしまうと，品質的にも問題が出てしまうということでドリルを交換するのが当たり前だ．このような工程では，図 2.16 のように，交換直後は低くて，だんだん高くなっていき，ある程度になると交換するために，その次からはまた低くなるというクセが出るのも当たり前だ．そのクセを考慮せずに取られたデータをそのまま用いて管理図を描け

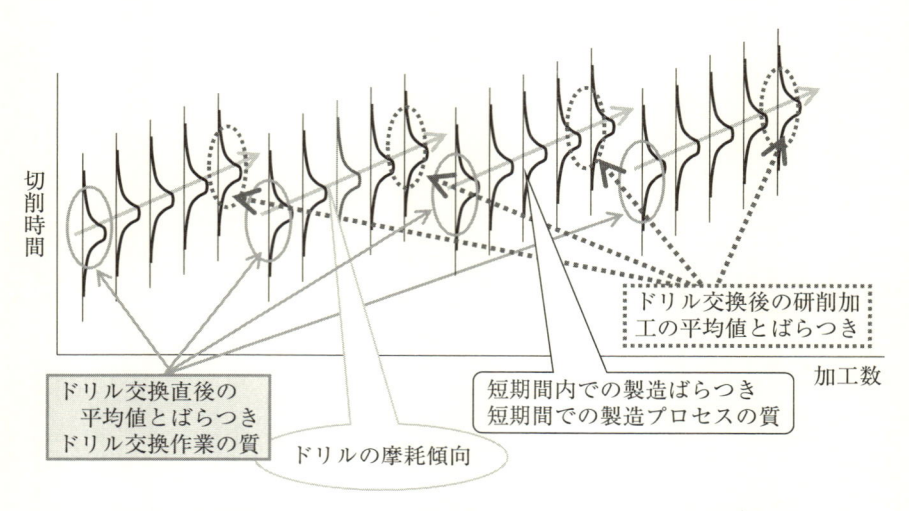

図 2.16　技術的に時系列にクセのあるのが当たり前という例のモデル

ば，当然図のような傾向が起きてしまい，交換直後は低い「異常」となり，その後上昇傾向という「異常」が出てきてしまう．しかし，当然これらは技術的にはいたって**正常**であるので，管理図は誤った情報を提供することになってしまう．

　このようなときは，図中に示すように対応すべき母集団を小分けにしてはどうだろうか．例えば，ドリル交換直後の状況を管理したいとか，交換後の加工時間の変化，すなわちドリルの減り方を管理したい，とかということだ．あるいはそのメカニズムから機械工学的に傾向線を提供したり，重回帰分析などにより回帰式を求めたりして，それらの理論値あるいは推定値と実際の値との差（残差）を用いた管理図を適用するのも良いかもしれない．

　図 2.17 はある化学反応工程で教科書的な管理図を描いていた例だ[11]．$\bar{X}$ はジグザグと異常な傾向を示しているし，R も極端な中心化傾向を示しているという明らかな異常傾向を示していた．しかし，現場では，全体のばらつき範囲

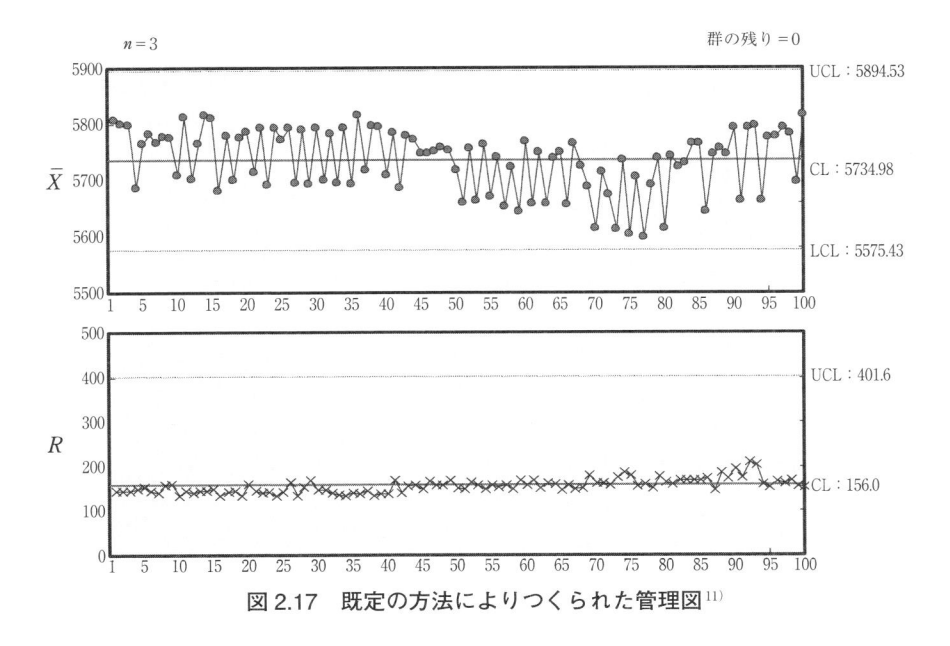

図 2.17　既定の方法によりつくられた管理図[11]

が顧客要求範囲であったために，それらを**併せのむ管理**（目をつぶっていたともいう）が行われ，しばらくの間，異常に気づくことはなく平和な毎日を送っていた.

　しかし，よくよく検討してみると，その重要特性は，そもそも群内のサンプリングする位置によって明らかな傾向があって正規分布しない特性であるうえに，時系列で劣化するという特徴をもっていた. そのため，それを挽回するために定期的に数種類の清掃作業を行っていた.

　そこで，重回帰分析で，本来考慮すべき要因を取り入れて分析してみたところ式が有意となる結果が現れた. その残差を用いた管理図を描いてみると，**図 2.18** のような長期にわたる安定状態であることが確認できた時期があるとともに，隠れていた異常を発見でき，より現実的な管理図となることがわかった.

　基本的な管理図では，プロセスへの入力もプロセス自体も安定していれば，

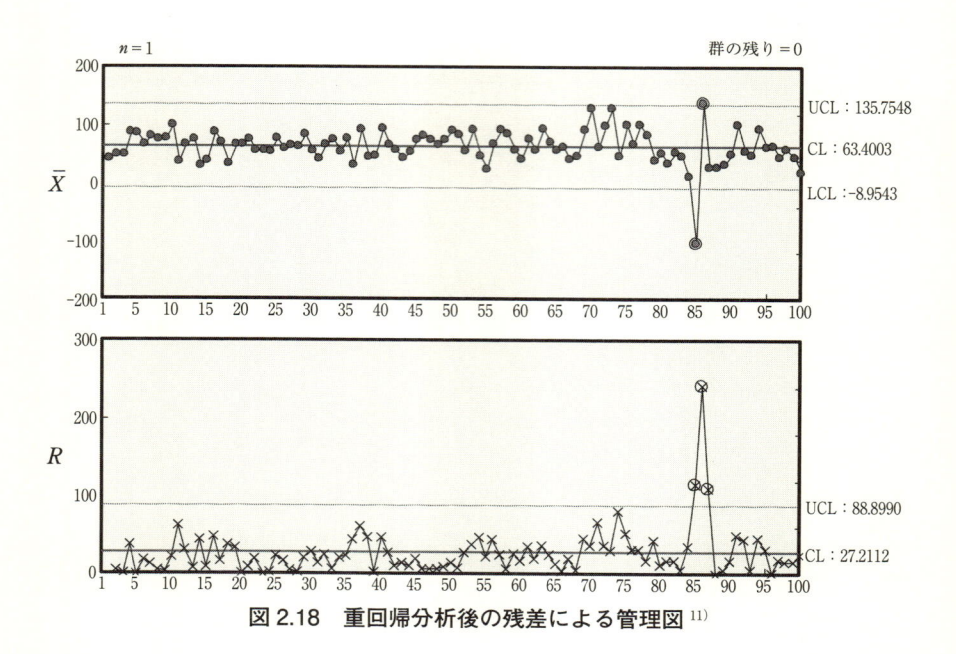

図2.18　重回帰分析後の残差による管理図 [11]

安定したアウトプットを出せるという前提条件がある．しかし，現実のプロセスの中では，入力も一定ではなく，プロセス自体も変化し続けるために，それらに合わせて「調整」をしなければならないという「**調整工程**」も多くある．そのような調整工程では，入力・プロセス・調整のすべてを考慮した管理が必要となるのは当然のことだ．

2.4　究極の限界線 U.B.L.，L.B.L.

図 2.19 はある大型機械組立工程における 1 週間を群とした 1 台当たり欠点数の 1 年分の管理グラフだ．一目でわかるようにこの期間に欠点数は大幅に減少し非常に改善が進んでいる．この間では，特に大きな投資をしたような新規設備を投入したわけでもなく，高度な分析にもとづく改善活動を実施したわけでもなかった．限界線の上下に飛び出したときや大きなクセが出たときに，日々その原因を追究して対策をとるという**日常管理の基本**を愚直に続けてきただけだ．

この場合，群の大きさが一定ではない場合の欠点数の管理に用いられる u 管理図を使うというのが，教科書的には正解だろう．テストなどで出た場合はそのように解答すべきだ．

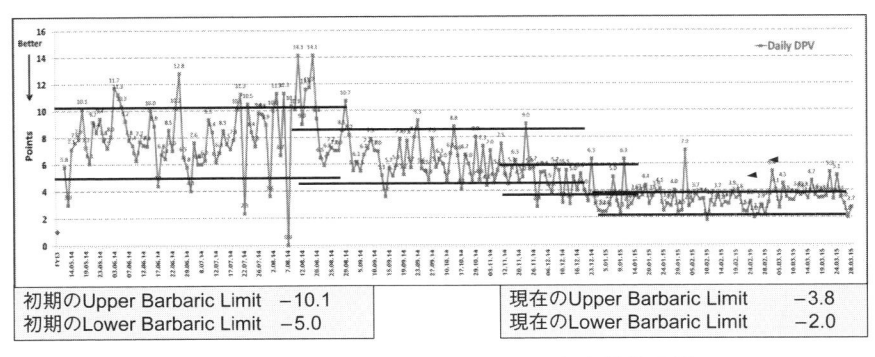

図 2.19　ある大型機械組立工程における欠点数管理グラフ

　ただしこの場合，u 管理図を教科書どおりに描くと，異常が多く出すぎてしまい，とてもではないが全部にまじめに対応することなどは現実的ではない．また，これらの欠点の中には重要な欠点からちょっとした擦り傷までも含まれているので，現場感覚としてどうもしっくり来ない．層別すればいいじゃないかと思われるかもしれないが，細かく層別すると件数別パレート図の上位の項目でも大した量にはまとまらないうえに，膨大な量の管理図をつくらなければならなくなり現実的ではない．

　そこで，登場したのが，**U. B. L.，L. B. L.** という限界線だ．ここで U. B. L. とは **Upper Barbaric Limit** で，L. B. L. とは **Lower Barbaric Limit** の略だ．Barbaric とは，「野蛮人の(ような)，洗練されていない，粗野な」という意味だ．管理図の心をもちながら統計手法のような洗練された手法を用いずに，野蛮人のような精神で「こんなもんだ」とえい**ヤーッ**と引いた限界線だ．適度な頻度で異常が出るように担当者の感性で設定して，異常と判定した場合はとにかく徹底して原因追究し，納得できるような対策をとるまで粘り抜こうというものだ．

　ある程度効果が出てきたら，管理限界線を再計算する場合と同様に，過去のデータを見ながら，厳しいほうにえいヤーッと引き直すということを続けるということだ．季節変動のような管理不能の要因を抱えている工程によっては，その線は水平ではなく波を打っている場合もあるだろう．段階的に変化していく場合もあるだろう．限界線の幅も平行ではなく月末にはしぼんでくるという場合もあるだろう．これは，担当者の心意気とでもいえるものかもしれない．このような統計的理論に反するものでも管理図の基本にもとづいて運用することによって，現実に成果を挙げてきたプロセスに数多くお目にかかってきた．事実は小説より奇なりというところだろうか．統計的理論について妥当性に悩み続けている工程では，この際思い切ってやってみるのも良いかもしれない．

　Barbaric などというふざけた名称ではなく，もっとちゃんとした名前にしろというお叱りをよくいただくが，正統化せずに罪の意識を忘れないためにはあえて酷い名称のほうが良いのではないかと思っている．

　ただし，外部監査などで指摘されて不合格となってしまっても，筆者は一切責任を負わないので悪しからず．

- 従来の不良率が 100ppm であったので，$n=10$ のサンプルを精密測定したデータで，ヒストグラムを描いて工程能力を計算したら十分だったという．そこで，不良が出ていたのは何かの間違いだったのだろうなどと喜んでいてはいけない．現状の不良率に対して解析用に取られたサンプル数が少なすぎたというだけのことだ．まずは従来出てしまった不良の発生パターンなどの現状を把握し，それに合ったサンプリングをすることだ.

- 従来全数検査による不良率が 100ppm だった．改善するため $n=10000$ のサンプルから取ったデータによるヒストグラムから平均値，標準偏差などを計算して推測したら，不良率がその 10 倍の 1,000ppm を超えてしまったという事例にお目にかかったことがある．実は，従来実施していた検査のやり方そのものが不十分で，不良が垂れ流されていたことがわかったということだ.

第3章

散 布 図

3.1 真の原因はどれだ？

ある工程で「商品○の充填量：Y」が，規格に対してばらつきが大きすぎて不良品が発生していたとしよう．種々検討した結果として，X_1(温度)とX_2(充填速度)の2つが有力な原因として挙げられたとしよう．(充填量を直接測って自動制御すればいいんじゃないの，という案はいろいろな理由によって無理だということにしておこう．)

そこで，最近10日間で$n = 100$のYとX_1ならびにX_2のデータを取り，ヒストグラムにまとめたところ図3.1のようになった．たしかに，Yは両端に規格外の不良品が出ており問題であることが確認できる．一方，X_1，X_2にはそれぞれ従来から図中にあるような工程内規格があったとしよう．X_1のヒストグラムは工程能力が十分であったことを示しているものの，X_2は不十分でありその工程内規格を満たしていない場合も散見された．

【設問】

Yのばらつきの原因はX_1なのかX_2なのか，あるいは？　すなわち，Yのばらつきを低減し不良をなくすためには，X_1に手を打てばよいのか，

X_2 に手を打てばよいのか，あるいは……という問題だ.

　多くの方々，特に経験の豊かな技術者は「もちろん X_2 が原因に決まっているじゃないか」と言うかもしれない．「だって，X_2 は規格を満たしていないんだから直ちに改善しなければならない不具合じゃあないか」と．しかし，これは本当に正しい判断だろうか？

　もし，**図3.2** のような場合は，確かに X_2 が Y の原因だといえるだろう．したがって，X_2 のばらつきを小さくするか，Y に対する X_2 の影響を打ち消すような対策をとれば Y のばらつきは小さくなり不良も低減できるだろう．

　ちなみに，**図3.2** とは「Y と X_1」ならびに「Y と X_2」の散布図を各々のヒストグラム（周辺分布）と組み合わせて描いたものだ．「Y と X_1」の散布図は両者が無相関であることを示し，「Y と X_2」の散布図では両者に比較的強い正の相関があることを示している．

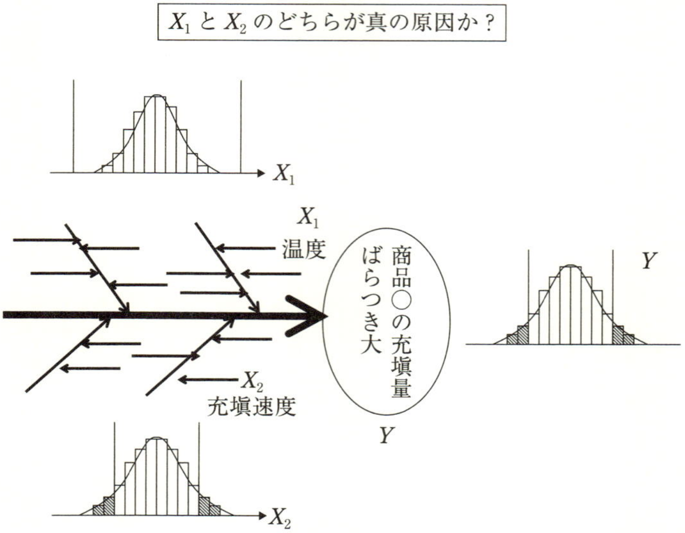

図3.1　問題 Y と要因 X_1，X_2 のデータ

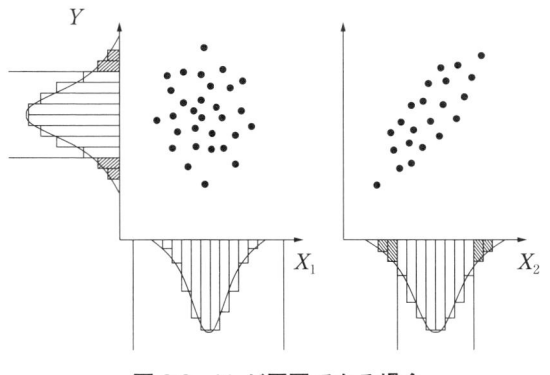

図3.2 X_2 が原因である場合

　ところが，図 3.3 のような場合は，答えはまったく逆になる．すなわち，Y のばらつきの原因は，X_2 ではなく X_1 だ．いくら X_1 のデータは規格値の内側で工程能力は十分だと言い張ってみてもこの場合はダメだ．X_1 の規格値自体がもともとは他の目的で設定されていたのかもしれない．X_1 の規格値は以前 Y の規格がもっと広かった頃に設定されて以来そのままだったのかもしれない．あるいは他の要因が絡んできてこのようなことになってしまったのかもし

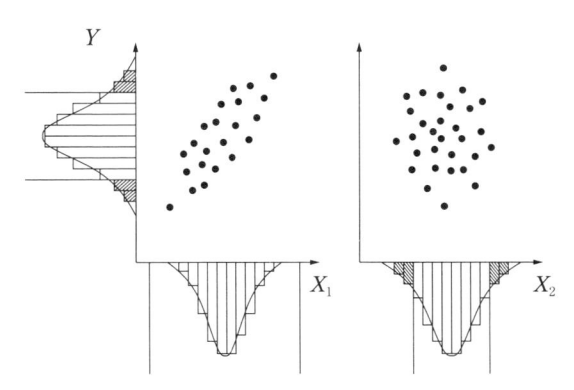

図3.3 X_1 が原因であり，X_2 が原因ではない場合

れない．いずれにしろ，現状では Y と X_1 とは，たいへん高い相関があるので，X_1 に対して何らかの対策を打つことが有効だ．同様なことの逆が X_2 でも起こっていたのかもしれない．いくら X_2 のばらつきを小さくする対策を打っても，まったく効果は出ない．

さらには，**図 3.4** の左図の場合は両方とも原因ではなく，右図の場合は両方とも原因だろうということがわかる．

すなわち，どの要因が真の原因なのかを検証するためには，それぞれの要因が，あらかじめ与えられている規格に合っているかどうかを見るだけではまったくわからないということだ．原因と結果との因果関係を確認しなければわからないということだ．

原因系と結果系の両方の特性値が計量値である場合，その原因を特定するための決め手となる手法が**散布図**だ．散布図なんてしばらく描いていないぞという方は，実はしばらくの間因果関係とは関係ない訳のわからない要因をつかまえて，意味のない対策しかしていなかったのかもしれない．

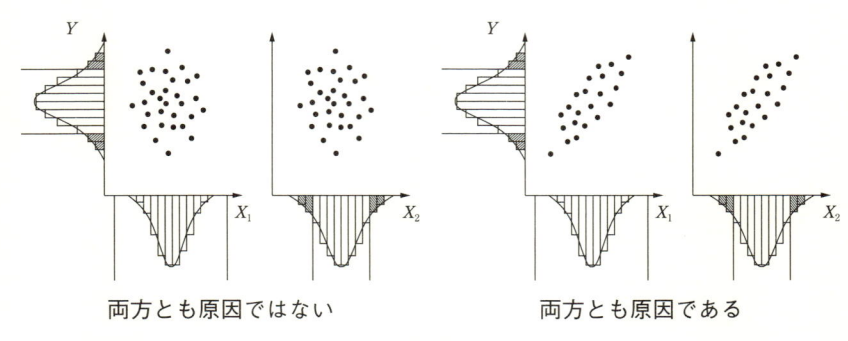

両方とも原因ではない　　　　　　両方とも原因である

注）　散布図では相関関係はわかるが，因果関係までわかる訳ではない．これについては **3.3** 節で述べる．

図 3.4　両方とも原因ではない場合と両方とも原因である場合

3.2 散布図で解析できるデータを取る——対応のあるデータ

散布図は縦軸に Y と横軸に X という軸を設定し，X と Y との交点に対応するデータをプロットしていけばよい，という実に簡単につくれる手法のように見える．統計解析ソフトなどでなくても一般に普及している表計算ソフトでいとも簡単に作成できてしまう．

実は，取り上げた変数 Y と X の対になっているデータが本当に**対応がとれている**のかという点が散布図作成上の最も難しいところだ．大規模な化学反応プロセスや，手戻り作業が多い工程，大量生産を行っている工程などではその対応関係を保つことが至難の業であることが多い．

（1）異なるプロセス間のデータの場合

図 3.5 のように，4 つのプロセスからなる工程で，最終工程の特性である Y と「プロセス 1」の特性である X との関係を散布図で把握する場合，どのように対応のあるデータを取ればよいだろうか．

もし，両方のデータを同時刻に取ったデータを対にしたとすると，その時刻の外部の温度のような時刻に影響するものが共通的な原因である場合は別として，同時刻という以上の因果関係に関する対応はない．この場合は X を通過した時点で取ったサンプルと同一のサンプルが Y を通過した時点で測定でき

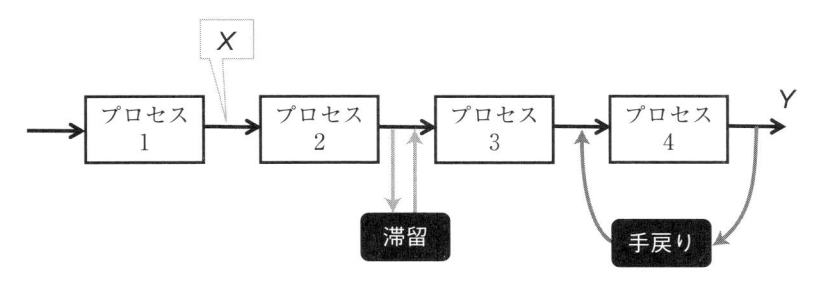

図 3.5 異なるプロセスから対応のあるデータを取る

れば，プロセスに付随する両者の因果関係をつかむことができるだろう．

　これはそう簡単なことではない．そのプロセスのメカニズムを十分把握しておかなければならない．例えば，生産計画上プロセス1で後からつくった製品をプロセス2で先に通さなければならないような場合はプロセス中に滞留したりするし，プロセス4の後で不良が見つかり手戻りをしなければならない場合などは，「ある一つの製品」を追いかけられるようにしなければならない．製品を一つずつつくるという「1個流し」をしているプロセスならばまだわかりやすいとしても，ロット生産をしているプロセスや，プロセスによってロットサイズが異なる場合，化学製品などの液体や塊などの場合でバッチの中のばらつきが大きかったり，流体が連続的に流れていて，プロセス1の後でサンプルを取ってしまったらそのものは，その後のプロセスには流れなかったりというプロセスなどではさらに難しくなる．

　工程の実態を理解しないままで既に取られているデータを解析するというだけでは原因追究は無理だ．実際の工程の流れをよく理解する必要がある．

(2) バッチ内のばらつきの大きさを考慮

　さらに頭の痛い話をしよう．化学製品のようなバッチ生産をしている商品の最終の特性であるYと，その成分中の特性であるX_AとX_Bとの関係を散布図で把握する場合を考える．図3.6は各バッチの母集団のばらつきと取られたサンプルのバッチ内での位置を示しているとする．すると，図3.6(a)と(b)の折れ線グラフで示したデータのように，もしX_AとX_Bとがまったく同様な二組のデータがあったとしても，それぞれの場合で解釈が異なる．

　図3.6(a)のように，バッチ内のばらつきが小さい場合，すなわちバッチ間のばらつきが大きい場合は，X_Aの値は，そのバッチを代表する値とみてもよいだろう．散布図を描けば，YとX_Aとの関係は把握できる．ところが，図3.6(b)のようにバッチ内のばらつきが大きい場合，すなわちバッチ間のばらつきが小さい場合は，図のようにバッチ間の差がないにもかかわらず，たまたま取られたデータがたまたま高い相関などを示してしまったのかもしれない．その場合，

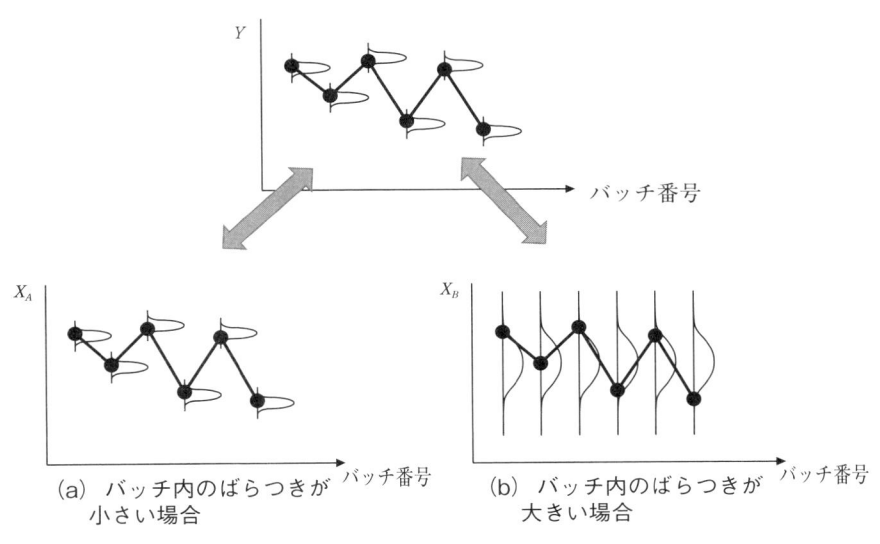

図 3.6　バッチ内のばらつきの違いと散布図データ

本来は Y と X_B とには因果関係がないのに相関関係があるという間違った答え
を出してしまうかもしれない．結論を出す前に慎重にバッチ内ばらつきの大き
さも把握したほうがよいだろう．

3.3　固有技術と統計

「統計学が最強の学問である」[12)] とまでは言わないが，統計的な方法とは，
物理や化学のみならず社会現象の問題の解決まで適用できる実に強力なものだ．
ただし，それだけですべての問題が解決できるとは思わないほうが良い．常に，
固有技術にもとづく検討を加える必要がある．

（1）　赤ん坊はどこから来るの？──統計手法はあてにならない？[*]

18 世紀頃，「赤ん坊はどこから来るの？」というテーマに対して「赤ん坊は
コウノトリが連れて来るのだよ」ということを統計的に検証しようとした純朴

　ある工程で，**図3.7**のような散布図が得られた．さて，このグラフをどのように解釈したらよいのだろうか．XはYに対して一直線，ということは，Xの値にかかわらず，Yの値はほとんど変わらない．したがって，横一線と読むのか？　だから，無相関だと解釈したらよいだろうか？

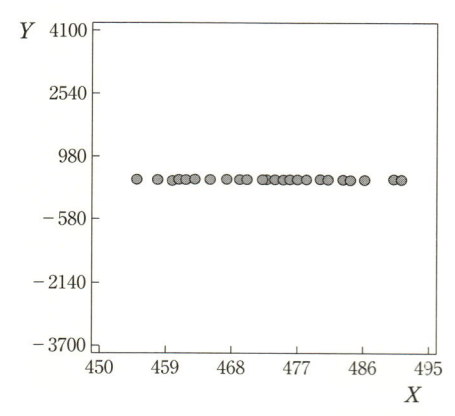

項目	横軸 X	縦軸 Y
変数番号	2	3
変数名	変数2	変数3
データ数	30	30
最小値	455	378
最大値	491	405
平均値	473.2	389.8
標準偏差	9.61	6.43
相関係数	0.517	

図3.7　2つの特性間の散布図

　実は，これは，「描き方がおかしい」と解釈するのが正解だ．縦軸のスケールがデータの範囲に対して広すぎる．この場合の相関係数は0.517とそこそこ大きい．どんなに相関が強くても一方の軸のスケールを極端に変えてしまえばこのような散布図になってしまう．

　ここまで極端な例はめったにないとしても，縦軸上のデータの範囲と横軸上のデータの範囲が大きく異なるために，視覚的に誤解を生む不適切な事例は多い．縦軸と横軸のスケールは両者のデータの範囲をほぼ1：1に描くのが原則だ．

ちょっと　と　脱線

な学者がいたという．その学者は，フランスのパリにおいて当時の〇年間のパリ市内の人口と，パリ市内のコウノトリの巣の数を数えたという．そのデータを散布図に示すと**図3.8**のようになった．

見事な正の相関だ．そこで，この学者は「コウノトリの巣の数が増えると，パリ市内の人口も増える．したがって，赤ん坊はコウノトリが連れて来るのだという仮説が検証された」と，大々的に報告したそうな．

この話には，当然(?)裏がある．当時，フランス革命前後のパリは周辺の都市からの流入により人口爆発が起きていた．城壁都市だったパリは，その爆発していく人口を受け入れられなかったために，その地域の面積自体を拡張していった．面積が増えれば，当然その中にあったコウノトリの巣の数も増える．コウノトリの巣の数と人口の関係のように，原因と結果という因果関係がないものでも，結果のみを散布図にすると強い相関関係が現れてしまうということ

パパ　赤ん坊はどこから来るの？
　　「コウノトリが連れて来るのだよ！」

人口とコウノトリの巣の数の散布図

- 見事な正の相関！
- 仮説が検証された？

図3.8　パリ市内の人口とコウノトリの巣の数の散布図

---

*(1)項は，狩野紀昭先生(東京理科大学名誉教授)が講義で使われた資料「QC的問題解決法」(未訂稿)[13]によっている．過剰に脚色したので狩野先生には評判が悪い．ちなみに，資料には「森口繁一教授がHotteling教授の講義の中で聞いた話である」との注釈が付いている．

だ(環境問題のために逆相関はあるかもしれないが).

このように，2つの特性の間に原因と結果の関係という因果関係がない場合も，統計的には散布図上で相関関係が出てきてしまう場合もある(このような相関関係のことを**擬似相関**という). 因果関係を確認するときに散布図(統計手法)だけで結論を出すと，まったくトンチンカンな結論を出してしまうことがある. 固有技術的な解釈が不可欠だという教えだ.

(2) フックの法則はウソだ？——固有技術はあてにならない？

中学1年生で習う物理法則の一つに，フックの法則がある. フックの法則とは，**図 3.9** のように長さ l_0 のバネに，重さ w の重りを付けるとその長さ l は，$l = l_0 + kw$ となるものだ.

これは，読者諸氏も理科の時間に，10g から 200g までのいろいろな重さの重りを用意し，それぞれを吊るしたときのバネの長さを測ってグラフにするという実験をやったご記憶があるだろう. それほど有名かつ基本的な物理の法則だ.

ところが，これが**ウソ**だというのはどういうことだろう. 多くの工場で問題解決を進める場合，基本的な物理法則でさえ成り立たないことがあるということだ. (**ウソ**というのは言い過ぎで丁寧にいえば有効ではない場合があるということだ.) バネを使った製品を生産している工場で，l のばらつきを小さく

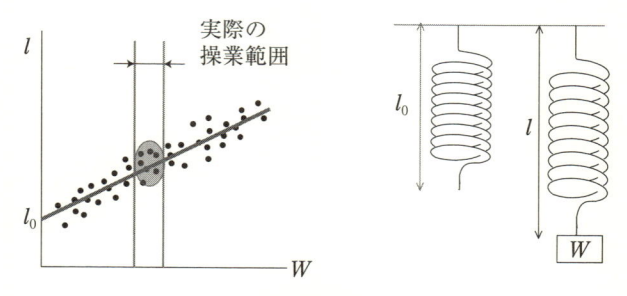

図 3.9　フックの法則は役に立たない !?

しようとして，重りのばらつきを小さくしてもまったく効果なしという訳だ．

　種明かしは簡単だ．もともとフックの法則を十分理解している人がいる工場
では，長さをコントロールするためには重りの重さを既に狭い範囲にコントロー
ルしてしまっているはずだ．すると，そのコントロールされている実際の操
業範囲内では，**図** 3.9 の丸印の中のように長さ l と重さ w の間には相関関係は
なくなってしまっている．このような状況で，「固有技術的知見」によって，l
のばらつきを小さくしようとして w をさらに狭い範囲でコントロールするこ
とはまったく意味がないということだ．

　相関関係が強い弱いという議論は，物理・化学的法則に加えて，**データを取
る範囲**によって異なってくる．

　慢性的に起こっている問題を解決しようとして，固有技術で思いつく限りの
要因を押さえてみても，うまくいかないという場合はこのようなことが起こっ
ているのかもしれない．統計的な確認をせずに固有技術のみによって対策を打
つことは無駄が多いということがわかる．

(3)　統計手法と固有技術

　コウノトリの話とフックの法則の話を並べて比較してみよう．コウノトリの
話は，統計手法だけでなく固有技術が必要だという例であり，フックの法則の
話はその逆だ．すなわち，原因を特定する際には，散布図のような統計手法と
固有技術の両方をバランスよく使っていかなければならないという教えが見え
てくる．

3.4　ちょっとだけ高度な手法——回帰分析から多変量解析へ

　ここまでの議論では「どうも話が抽象的すぎる」と感じる人も多いだろう．
「強い・弱い」などの形容詞ではなく，もっと計数的に議論できないかという
要望だ．そのような要望に応えるものに**回帰分析**がある．単に Y と X という

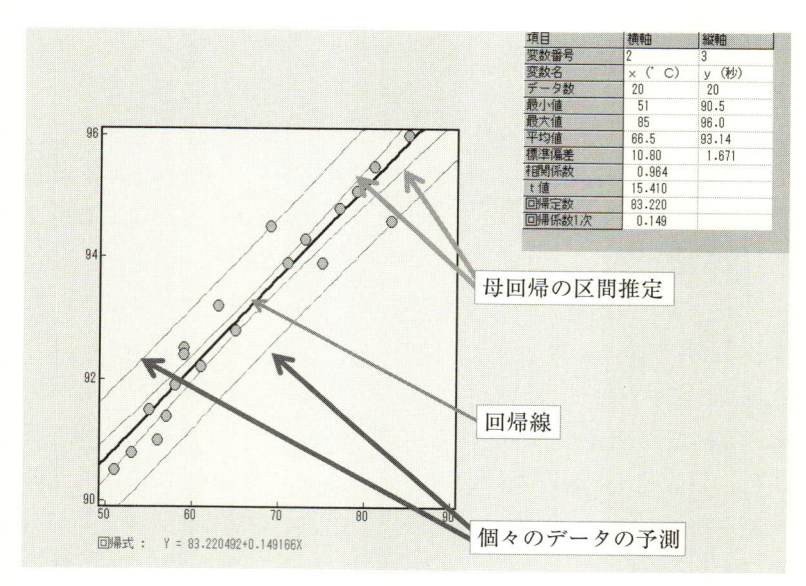

図 3.10　単回帰分析の例

2 変数に関する単回帰分析だけでなく，Y と他の多くの変数に関する重回帰分析やいわゆる多変量解析と呼ばれる数々の手法も用意されており，特に近年ではビッグデータ解析という流れで注目されている．多くの統計ソフトでは，**図 3.10** のように，いとも簡単に，散布図の上にその両特性の関係を統計的に計数的に示す「回帰線」などを引くことができ，その他の性質を計量的に表現するいろいろな数値（統計量）を与えてくれる．

　ただし，計数的な値にもとづいて考察を加える場合や高度な手法を用いる場合にも，前述のような分布とその裏にある技術的なメカニズムに関する考察をしっかりとやることが大前提であることを忘れてはならない．

第4章

パレート図

4.1 パレートの法則で重点指向を図る

パレートの法則とは，少数の人々が多くの富を独占しているという経済法則だ．この法則が拡大解釈されて「古今東西の森羅万象について常に成り立つ」という経験則としてレジェンドとなった．この考え方を取り入れて品質管理分野では，「不良問題とは数種類の致命的な問題とその他多くの種類の些細な問題に分けられる」ので，一度にすべてに取り組むのではなく，取り組むべきテーマを絞り込んで重点指向を図ることにより，最終的には効率よく問題解決するための道具としてパレート図は使われている．

例えば，「**図 4.1** のようにある課内で発生した先月の不良の全体像を把握して，不良形態別に集計してみると上位 3 項目で 76.1％となるので，その 3 項目に絞り込んで検討しよう」などというのが代表的な使い方とされている．

パレート図は QC 七つ道具の中で**最も簡単な道具**だと**誤解される**ことが多い．たしかにデータさえ与えられれば，作図することはいとも簡単だ．導入期の QC サークルなどでは，パレート図と特性要因図のみで多くの問題を解決できているというのも事実だろう．

上級管理者レベルでも，実はきちんとパレート図を描いて重点指向しただけ

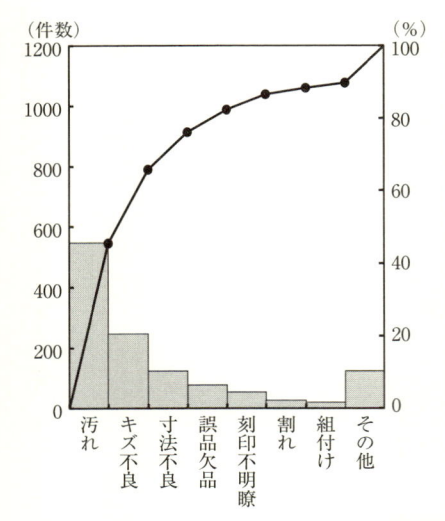

No.	不良項目	件数	累積件数	累積比率
1	汚れ	546	546	45.5
2	キズ不良	245	791	65.9
3	寸法不良	122	913	76.1
4	誤品欠品	75	988	82.3
5	刻印不明瞭	51	1039	86.6
6	割れ	23	1062	88.5
7	組付け	17	1079	89.9
8	その他	121	1200	100.0
	合計	1200	1200	100.0

図4.1　パレート図の例―A商品の最終検査工程における形態別不良数

でもたいへんな効果を挙げているという例もある．TQM（総合的品質管理）の中心となる方法論の一つである「方針管理」の基本もここにあるといってもよいかもしれない．

　ただし，本当に使い込んでいこうとすると，パレート図はQC七つ道具の中で一番難しい道具だと思える．そこで，本書ではヒストグラム，管理図，散布図の後に回ってきた次第だ．

4.2　パレート図の難しさ①――重点指向とは重点以外は諦めるということ

　パレート図を活用するうえで最も多くて致命的な難しさとは，せっかくパレート図を描いておきながらまったく使わないということだろう．せっかく上位項目に印を付けておきながら，実際の活動は重点指向となっていないというやつだ．

　上司から，「**図4.1**で"割れ"は下位のほうだけど，どうしてくれているの，何もやらない気じゃないだろうね」などと聞かれた場合に，「はい，それにつきましては担当のA君とB君とを中心としたプロジェクトを結成して，課としても全力で取り組んでおりますので，ご安心を……」と答える管理者にしばしばお目にかかる．どこを突かれても大丈夫なように，すべての問題に対して「**総花的に重点指向する**」*という実に矛盾したことをやってしまう．

　「重点指向」という表現は非常に積極的なよい姿勢と捉えられるが，実は，「**重点以外は諦める**」ということとほぼ同義だ．上司から下位項目に対する指摘を受けたときには，その部門やそのプロジェクトの責任者は，「それについては，私の責任で諦めました」と答えていただきたい．責任者にはそれだけの度量を期待したい．もし，責任者が諦めてくれないとどうなるか．簡単だ，その責任はすべてそのまま部下に垂れ流しになるだけとなり，結局どれもこれも中途半端となってしまうだけのことだ．

　しかし，諦めるには痛みが伴う．**だからパレート図は難しい**．

＊池澤辰夫先生（早稲田大学名誉教授）が指導時に多用された表現．

「パレート図など描かなくても，その隣に準備した"表"（図4.1を参照）だけでも十分じゃないか？　そのほうがスペースも狭くてすむし，パレート図をつくる時間だって省ける」という意見もある．

たしかに，数ページにわたってパレート図とそのデータを載せた表が羅列されている品質保証会議の資料などを見ると同意できる．単に情報を提供するだけならば，表だけでもよい．あるいは時系列グラフのほうがよりよいかもしれない．

ただし，重点指向をするという意思決定を**説得**しようとすると，パレート図は表よりも数倍迫力がある．

4.3　パレート図の難しさ②——正解がないのが正解

図4.2の左図は図4.1と同じで，ある工程における不良をその発生件数を特性としてまとめたパレート図であり，右はその不良による損失額を特性としてまとめたパレート図だ．困ったことに，両者ではその上位項目が異なっている．このような場合，どの項目に重点指向すればよいのだろうか？　「こちらを立てればあちらが立たず」という状態だ．

「企業であるならば当然損失額を尊重すべきだ」という意見もあるかもしれないが，いつもそれが正解といえるだろうか．問題解決の初心者集団にとっては件数が多いほうが取り組みやすいなどという見方もある．そもそも，ここで計算した「損失額」には材料費程度しか入っていないので，不良による損失としては過小評価だという裏事情があるかもしれない．さらに機会損失につながる不良によるダウンタイムを特性としてパレート図を描いたら，廃棄物のための××を特性として描いたら，などいろいろな見方が出てきてもおかしくない．

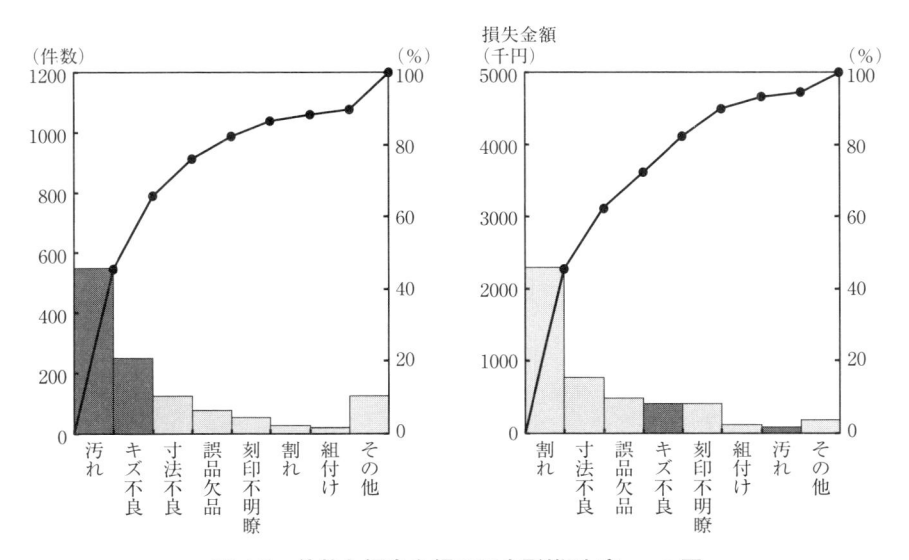

図 4.2 件数と損失金額の不良形態別パレート図

この場合,「何に重点指向するのが**正解というものはない**」というのが正解だ. **パレート図は意思決定を助けるための道具ではあるが,パレート図が意思決定してくれる訳ではない.** 担当部門の方針や従来の取組みの経緯,手持ちのリソースなどを総合的に考えなければ決められない. だからパレート図は難しい.

4.4 パレート図の難しさ③——深いレベルへの絞り込み

パレート分析による重点指向とは,パレート図一つだけでは不十分な場合も多い. **図 4.3** のように,不良全体の中からトップとなった「汚れ」に絞り込んだとしても,いろいろな汚れがあるので,さらにその「汚れ形態別」パレート図からトップの「切削油汚れ」に絞り込み,さらにその製品種別ごと,部位別などのように絞り込んでいくと,深いレベルで重点指向を図ることができ,ピンポイントで効果的・効率的な対策をとれる.

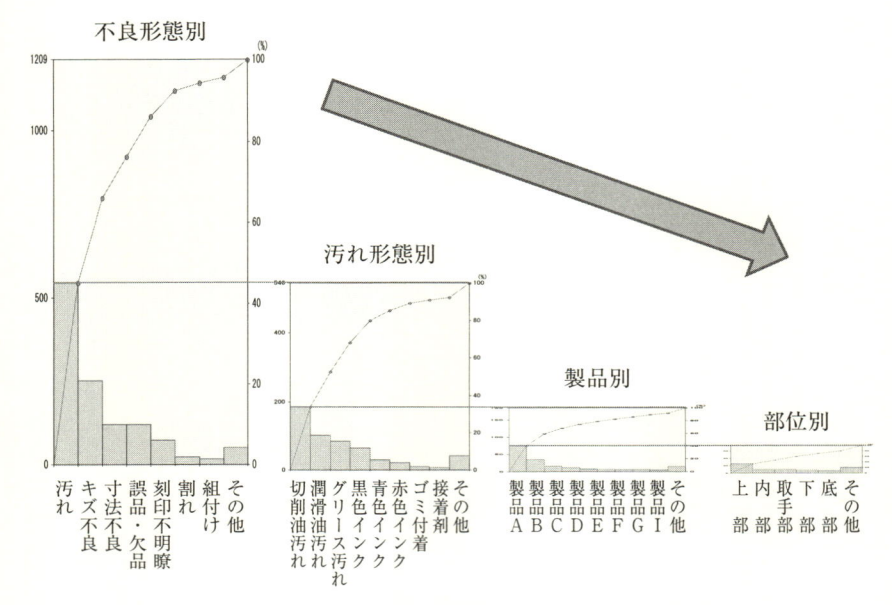

図4.3　パレート図による深いレベルへの絞り込み

一方で，「どんどん絞り込んでいくと，最後に取り上げたものは些末なものとなってしまい，課全体で取り組む重点にしては小さすぎる」，あるいは「絞り込みの途中で棚上げしたものの中には，実はもっと大きくて重大なものが隠れてしまっている」というような疑問が出る場合がある．

この場合も「正解」というものはない．機械的なパレート分析の結果を機械的に受け入れるのは誤りだ．第2章で議論した時系列的な傾向，それまでの改善活動の経緯，達成目標などの経営上の必要性，新技術の動向などを総合的に捉えて意思決定する必要もある．だからパレート図は難しい．

4.5　パレート図の難しさ④──パレートの法則は本当か

パレートの法則は「古今東西の森羅万象について常に成り立つ」という経験

則は成り立たないと狩野先生（東京理科大学名誉教授）から教わった．**図 4.1** の例の現場で「汚れ」，「キズ不良」……と，真摯に着実に順次改善が進んでいったとしよう．その後に，この現場でパレート図を描けば，「致命的ないくつか」が残っているということはなくなってしまうはずだ．長期間改善活動をしていれば高い山はだんだん低くなり，どれもこれもどんぐりの背比べになってきてしまい重点指向といっても，「上位 30 位まででやっと 50％になるのでそこに絞り込もう」などというおかしなことになってしまう．

　設計部門などで起こる設計トラブルなども，浅い視点から見れば一件一件みな違うので，1 年間に起きた 500 件のトラブルをパレート図にしてみると，1 位から最後までみな発生頻度は 1 件となってしまいパレートの法則が成り立たない．

　実は，品質不良の問題でも深く掘り下げてみると同様だ．**図 4.1** で着目した「汚れ」といっても，一件一件その位置も違えば形も違う．厳密にいえばすべてが違う．それらを束でまとめて「汚れ」としているだけであり，設計問題が

　筆者は学生時代，狩野紀昭先生（東京理科大学名誉教授）のもとで，国内で発生していた交通事故について研究した．そこでご指摘いただいて気づいたことは，当時年間 1 万件程度発生していた死亡事故を全部調べてみても，「ある一人の方が，同じ交差点で，同じ車にはねられて 2 度亡くなったという事故」は 1 件もなかったということだった．当たり前と言われればそのとおりだ．一件一件の事故はみなすべてその背景や原因が異っていた．そのような中で，いろいろな角度から分析して高い次元で共通性を見出して地道な交通安全対策をとってきたからこそ，今日に至るまでの大きな効果を発揮してきた．

ちょっ　と　脱線

一件一件みな違うのと本質的には同様だ.

　品質問題でも，もともと一つひとつ異なるものに対して，古畑友三氏が提唱した5ゲン主義[4]（＝3現（現場＋現物＋現実）＋2原（原理＋原則））に則して，鍛え抜かれて研ぎ澄まされた感性をもって検討することによって有用な共通点を見つける努力が必要だ.

　パレート分析とは，現場の不良現象に対して使われるだけでなく，QCDSM（品質，コスト，納期，安全，モラール）などのすべての面において，現場第一線から経営トップに至るまで，重点指向を図る意思決定が必要となる場面で役に立つ．上位管理者が使うパレート図の中には，例えば，生産性の問題と品質の問題とコストの問題など，同じ尺度で測れないような問題も多い．限られたヒト，モノ，カネといった経営資源を使ってそれらを効率的に解決していくには，各問題に何らかの方法で軽重を付けて重点指向を図らなければならない.

　「パレート図を描けばパレートの法則が成り立つ」のではなく，「パレートの法則が成り立つような視点を見つけてパレート図を描く」のだ.　**だからパレート図は難しい.**

第5章

特性要因図

5.1　100年使える特性要因図

　QC七つ道具と言われて最初に頭に浮かぶ道具が，特性要因図になるのかもしれないが，本書ではここでやっと出てきた．

　まずは，典型的にまずい特性要因図の代表例として**図5.1**を検討してみよう．さて，どこが「まずい」のだろうか．

　ただし，この図では，さらに200以上挙げられていた要因を紙面の制約上全部書ききれなくて，かなり省略しているとしよう．

　なかには，「随分ふざけた項目が入っているぞ．もっとまじめに考えろ」というお叱りをいただくかもしれない．「まだ現象レベルにとどまっている項目が多くある．なぜなぜが足りない．もっと深掘りすべきだ」というご指摘をいただくかもしれない．また，「とにかくたくさんの要因が挙げられているから，これはこれでいいんじゃないの．うちの現場でも思い当たるようなことがたくさん挙げられているし……」という好意的なご意見もあるかもしれない．

　実は，この特性要因図の中で，最もまずいのは「特性」すなわち「魚の頭」だ．「不良が多い」では抽象的すぎる．池澤辰夫先生（早稲田大学名誉教授）がこのような特性要因図を見つけると，

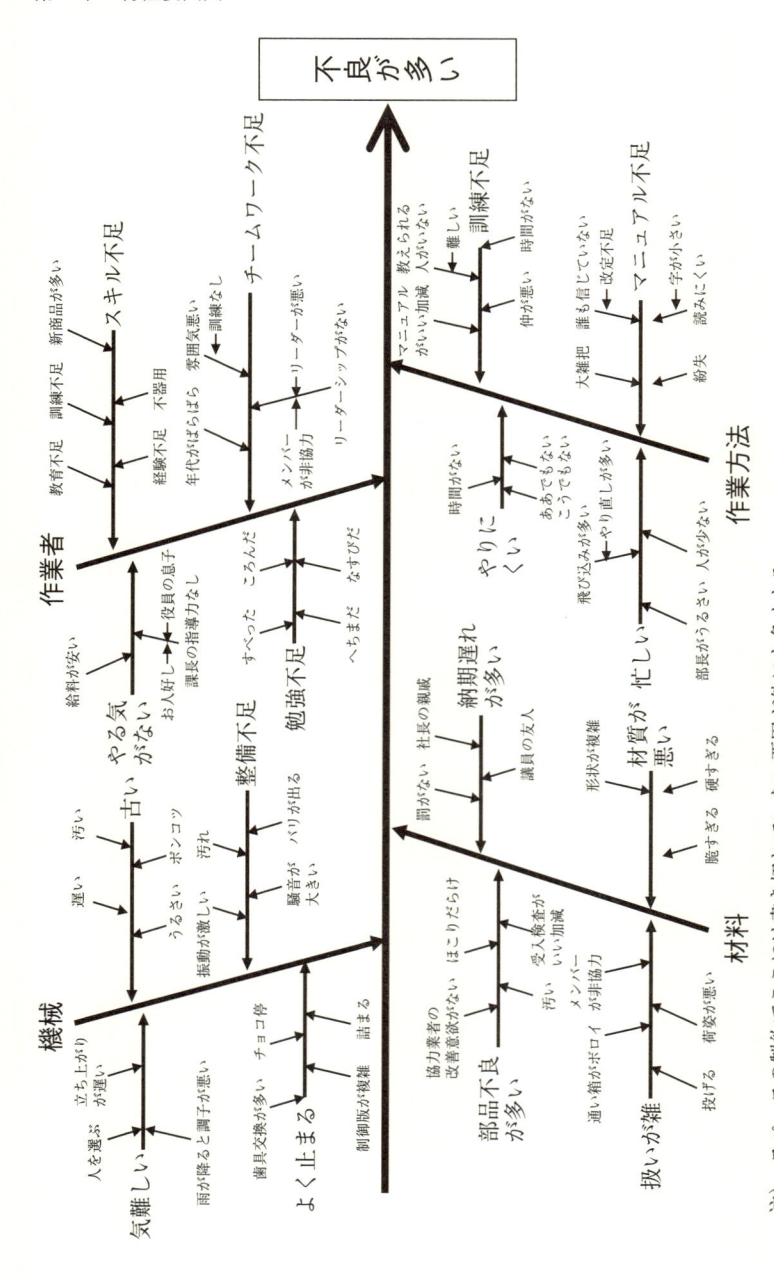

図 5.1　役立たずの特性要因図の例——どこが一番まずいのか？

注)　スペースの制約でここには書き切れていない要因が他にも多くある。

　「この特性要因図は，世界中のすべての現場で 100 年以上前から使えるうえに今後も 100 年以上使えますね．こういうのを『**100 年使える特性要因図**』と言うんですよ．お粗末な発表で時間をつぶすためには使えますが，今回の問題解決のために使えるという訳ではありません．問題としている慢性不良の真の原因は，このような抽象的な KKD（経験と勘と度胸）のみで列挙した要因の中には入っていないでしょう．賭けてもいいですよ．無駄なことをした記念として壁に貼っておくと良いでしょう」
などと指導されていた．

　図 5.1 ほど酷い例はないとしても，せいぜい「〇〇不良」程度の抽象的な特性を「頭」として，現状把握などほとんどせずに，あるいは現状把握をしてもそれとはまったく関係なしに描かれている特性要因図にはよくお目にかかる．これらは，発表レポートの埋め草としてはたいへん効果的に働くが，問題解決そのものに役立つことはほとんどない．

5.2　特性要因図では頭が大事

　特性要因図を描くときに最も重要なことは，その特性自体，すなわち魚の骨の「頭」をどれほど絞り込んで具体的に描けるかということだ．同じ「〇〇不良」の要因について 100％ 発生している不良の原因と 10ppm 発生している不良の原因を同じ特性要因図で説明できる訳はない．**第 4 章の図 4.3** パレート図の中で「汚れ」の中の「切削油汚れ」，「切削油汚れ」の中の……と深いレベルへ絞り込んで，さらにヒストグラムや管理図を駆使してその特徴を捉えておきながら，次の原因を追究する解析段階では，「ご破算で願いましては」とすべてをどんぶりに入れて，「不良」を対象として，有史以来の経験からの要因を列挙するというアプローチはいかにももったいない．

　例えば，**図 2.6** で議論したグラフの場合を考えてみよう．このグラフがある特定の一つの不良の発生状況に関するグラフだとしても，この場合，まず考えなければならないのは，「いくつの特性要因図が必要か」だ．

　第 2 章で議論したように，突発的異常（さらに 2 つの別な異常として扱うほうが良いかもしれない），周期的，日々のばらつき，能力不足の 4 つの問題に分解したとすると，「不良率が高い」という一つの問題が発生していると見るのではなく，上記の 4 つか 5 つの問題点が複合していると解釈してみようということだ．原因が違いそうな 4 つか 5 つの問題があるのだから，この場合，4 つ，あるいは異常についてはそれぞれ考えると，5 つの特性要因図を描くべきだ．

　そして，それらの頭もできるだけ絞り込んだ形で描くと良いだろう．例えば，「×月 5 日に突発的に増加してしまった○○不良」とか，「月初から始まり 3 週間後の○月×日から急増し，また，5 週間目の○月△日から元に戻った○○不良」というような描き方になるだろう．

　さらにこの時系列情報だけではわからない，不良の形態別の情報や，計量値で測れる不良については，良品を含めたその特性の分布状況などのその不良の発生状況の特徴的な情報を活かし切れば，まさにピンポイントで深いレベルの要因を検討することができる．

　問題を抽象的に捉えて，山のように要因を列挙し，問題解決の最初の段階で一つだけ特性要因図を描くことは，欲求不満のはけ口としてはよいかもしれないが，実際の問題解決にはほとんど役に立たない．**特性要因図はしっかりとした現状把握**ができた後で，**ピンポイントに攻めて描くことによって真価を発揮する**．

　筆者は蚊が大嫌いだ．刺されればかゆいし，寝ている枕もとでブーンと羽音を立てられるとおちおち寝ていられない．そこで見つけしだい追い掛け回して退治してやろうとする．ただその方法にはいろいろなレベルがある．

- 蚊のいる場所が特定されて，相手が動いていなければ指一本でことは済む．

- 多少不安がある場合は，手のひら全体を使う．
- よく見えないが，大体その辺だという場合は，その辺りを吹き飛ばす．
- 部屋の中にいるということしかわからない場合は，部屋ごと吹き飛ばす．
- どこの部屋かわからないけど，家の中にいるということだけはわかっている場合は，家ごと，町内にいることがわかっている場合は，……地球のどこかにいるということだけはわかっているという場合は……

　そう，問題がどこにあるのかを特定できない場合は，大げさな対策になってしまう．

ちょっ　と　脱線

　現実の問題解決手順では，特性要因図と現状把握の間を何度も往復するのが普通だ．したがって，本当に使い込んだ特性要因図とは，ぐちゃぐちゃになっていて，図5.1 のようにきれいにまとめられているはずがない．

　レポート用に描いたもの以外は特性要因図などはこの地球上には存在しないか，あるいは実は改善活動が終わってから発表用のみに特性要因図を描いていた，などという喜劇（悲劇）はそろそろやめにしよう．

5.3　4M の前に考えること

　特性要因図ではブレーンストーミングによって列挙された要因を 4M（Man, Machine, Material, Method）に分けて整理するとよいといわれることがある．たしかに 4M とは特に機械加工工程などの生産の4要素であり，そこにおける不良は大体これらの要素のどれかが変化してしまったことによる場合が多い．QC サークル活動導入初期のぴよぴよサークルが，身近な問題を解決していく

ためのコミュニケーションのきっかけとして使う場合は有効な場合も多いことは事実だろう.

　一方で，問題を絞り込んで，その特徴をしっかり把握したうえで，複雑に原因が絡み合った問題について，その要因を検討しようとする場合はいささか勝手が違う.

　まずは，その問題が「現状把握」でわかったような形態で発生する物理的・化学的な**メカニズムを追究**するほうが先だ．いくつかの工程を経てきたような問題では，その工程ごとにブロックに分けて整理するのもよいだろう．「人」といっても最初の工程の人と最後の工程の「人」を一緒くたにして原因追究などできるはずがない.

5.4　特性要因図の要因は「要因」であって「原因」ではない

　特性要因図は単にみんなの思いを整理しただけであり，「真の原因」がわかった訳ではない．ここからさらに絞り込んだ**原因の候補**について，事実によって確認してはじめて真の原因らしいといえるようになる.

　特性要因図に列挙された要因の中から「**みんなの投票で真の原因を決める**」という方法が，現実には広く使われてはいる．日常的に発生する多くの問題の中で 9 割以上は大体それで片がついてしまうことも事実だろう．その成功体験から病みつきになってしまう気持ちもわかるが，実はこの方法は KKD を集めただけで科学的な方法という訳ではない．統計手法などは「飾り」としては役に立つが，実際には役に立たないと言っている方の多くは，この人気投票で原因を決めているのではなかろうか.

第6章

層　　別

6.1　真の原因を確認する

　図 **6.1** は，ある会社の営業所別納期遅延率のヒストグラムであったとしよう．非常に大きくばらついており，特に，会社目標として設定した上限値を超えてしまっているところが多かったとしよう．（下限があるのは不思議だと思われるかもしれないが，何らかの屁理屈をつけて正当化しておこう．）　その大きなばらつきの原因として，①東西別の地域に関係した要因と，②取り扱う主力商品に関係した要因の2つが有力な要因として挙げられたとする．

　さて，それをどのようにして検証すればいいだろう？

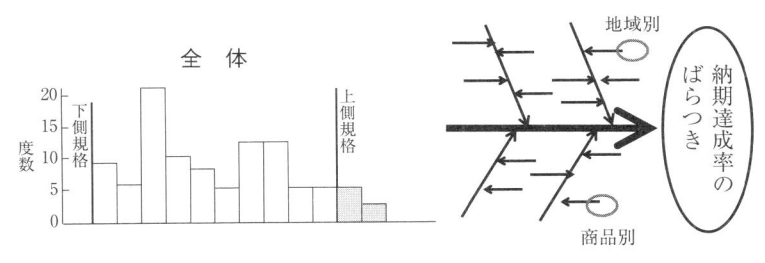

図6.1　先月の営業所別納期遅延率のヒストグラム

　図6.2の左側は，全体のヒストグラムの下側に東日本のデータのみで描いたヒストグラムと西日本のみのデータで描いたヒストグラムを，**同じスケール**で**縦**に並べてみた，すなわち，全体を東西で層別したものだったとしよう．これを見て，東西という地域に関係した要因こそが大きなばらつきの真の原因だという方はよほどのへそ曲がりだ．なぜならば，東と西のヒストグラムは同じだからだ．（「いや，ちょっとは違うだろう」などという文句のつけようがないように，西日本のヒストグラムは東日本のものをコピーしてつくったのだから確かだ．）

　一方で，主力商品で層別したヒストグラムが**図6.2**の右側となったとしよう．こちらは明らかに異なっている．両方ともばらつきは十分小さいものの，主力商品Aの平均値は下限に偏っており，主力商品Bの平均値は上限に偏っている．したがって，この違いをつくる原因をさらに追究すれば，全体のばらつきを低

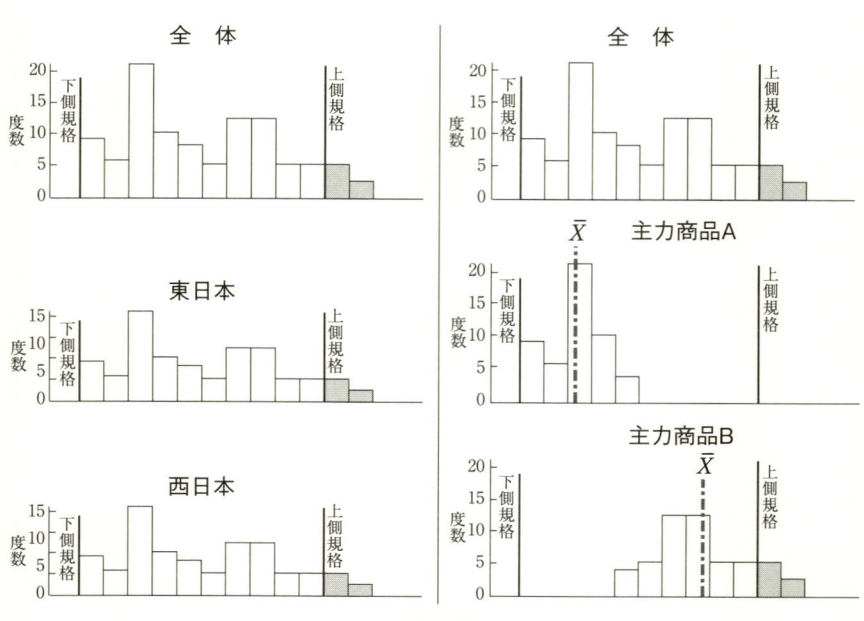

図6.2　先月の営業所別納期遅延率の層別ヒストグラム

減できて規格外もなくなるだろうという結論を出せる.

　層別とはその名のとおり，全体を「層に分ける」ということだ.

　真の原因を確認する際の基本的な手法は，計量値的な要因については**第3章**で述べた散布図であり，計数値的な要因については層別だ．基本的な統計手法としての検定・推定や回帰分析，さらに進んで，要因が多数ある場合に使われる実験計画法，重回帰分析，グラフィカルモデリングなどの多変量解析法といわれる手法群も，実は，それらの延長線上にある応用手法といえる．基本である層別と散布図の考え方を理解せずに，いたずらに「高度な手法」を振り回すのはたいへん危険だ.

　経験の長い技術者は，「そんなことは当の昔から知っているけど，こんな教科書のような単純なことは現実には起こるはずがないよ」と言うかもしれない．しかし，筆者の限られた個人的な経験だけでも，このような教科書にしたいほどあからさまな事例にちょくちょく巡り合っている．統計ソフトを使えば大した手間ではない．議論している暇があればちょっとやってみてほしい.

　　「層別」をQC七つ道具の一つとすることに抵抗がある方もいる．層別とはそれ自体が手法ではなく，考え方であり，ヒストグラムを層別するというように，他の手法を「層別」するというような使い方をするからというのがその有力なご意見だろう．ただし，QC七つ道具とは，「QCを行ううえで必須だったり，好都合だったりと考えられている一組（ワンセット）の道具群」と捉えれば，実に有効な道具の一つだと，おおらかに捉えたい.

ちょっと　脱線

6.2　話をもう少しだけ複雑にしてみる

　ある工程で，ある特性 y に与えられていた規格値が，顧客要望の変化に伴い，上側規格値 $S_U = 2300$，下側規格値 $S_L = 2050$ と狭められてしまうことになってしまったために，早急に y のばらつきを低減しなければならなくなったとしよう．ただし，従来はまったく問題ないほど規格幅は広かったこととしよう．

　そこで，そのばらつきを狭められると考えられる計数値的な C1 〜 C4 の4つの要因について検討することとした．まず，直近の 30 ロットについてそれぞれ 4 台の機械から 1 サンプルずつを抜き取って測定し，**表 6.1** のようなデータを取ったとしよう．

　「いかにも教科書的な問題設定で，現実味がないなぁ」と思われる方は，特性 y には，重要部品の重要部分の加工精度など，要因 C1 〜 C4 にはそれぞれ，C1(担当シフト)，C2(材料の製造元 2 社)，C3(前工程の作業者 4 人)，C4(後工程の作業者 4 人)というような適当な背景を想定していただくとよいだろう．

　ここで，上記の背景で，**表 6.1 〜 6.3** の 3 つのパターンのデータセットを用意した．表中で，上下方向にはサンプリングの対象となった 30 ロット分の特性値 y のデータがロット番号順に並んでいる(**表 6.2** と**表 6.3** では後半を省略しているが，全体は日科技連出版社のホームページからダウンロード(本書の**まえがき**を参照)できる)．また，表の右側には，それぞれのロットを生産したときの要因である要因 C1 〜 C4 の記録が残されている．

　なお，各ロットはロット内のばらつきを調べるために，生産している 4 台すべての機械で均等に分けて生産したこととする．

(1)　パターン 1 の解析

　まずは，何をおいても全体のヒストグラムを描いてみよう(**図 6.3**)．

　ヒストグラムからは，この分布を正規分布していないとは言い難いが，新規格に対しては，いかにもばらつきが大きすぎるので何とかしなければならないことは明確にわかる．

表 6.1 層別演習用データ(パターン 1)

ロット番号	機械 1	機械 2	機械 3	機械 4		C1 シフト	C2 材料	C3 前工程 作業者	C4 後工程 作業者
1	2293	2298	2189	2226		1	1	1	1
2	2252	2214	2274	2256		2	1	1	2
3	2232	2201	2244	2212		1	1	2	3
4	2169	2213	2282	2207		2	1	3	4
5	2172	2144	2178	2170		1	2	4	4
6	2162	2112	2156	2092		2	2	2	3
7	2183	2106	2143	2118		1	2	2	2
8	2213	2103	2162	2174		2	2	3	1
9	2271	2251	2215	2310		1	1	3	1
10	2252	2280	2242	2213		2	1	1	2
11	2198	2189	2260	2216		1	1	1	3
12	2200	2226	2255	2199		2	1	4	4
13	2104	2067	2119	2161		1	2	4	4
14	2190	2157	2063	2149		2	2	4	3
15	2118	2158	2172	2147		1	2	1	2
16	2142	2153	2128	2146		2	2	1	1
17	2306	2292	2245	2261		1	1	2	1
18	2284	2222	2171	2279		2	1	2	2
19	2248	2205	2245	2254		1	1	3	3
20	2314	2271	2276	2219		2	1	3	4
21	2152	2143	2140	2176		1	2	3	4
22	2124	2132	2133	2133		2	2	4	3
23	2140	2208	2112	2140		1	2	4	2
24	2117	2154	2164	2177		2	2	4	1
25	2252	2275	2241	2200		1	1	2	1
26	2204	2184	2269	2212		2	1	2	2
27	2299	2244	2273	2309		1	1	2	3
28	2123	2184	2158	2136		2	2	2	4
29	2072	2141	2171	2157		1	2	1	4
30	2140	2109	2169	2156		2	2	4	3

表 6.2　層別演習用データ（パターン 2）

ロット番号	機械 1	機械 2	機械 3	機械 4	C1 シフト	C2 材料	C3 前工程作業者	C4 後工程作業者
1	2293	2298	2189	2226	1	1	1	1
2	2172	2144	2178	2170	2	1	1	2
3	2252	2214	2274	2256	1	1	2	3
4	2162	2112	2156	2092	2	1	3	4
5	2232	2201	2244	2212	1	2	4	4
6	2183	2106	2143	2118	2	2	2	3
7	2169	2213	2282	2207	1	2	2	2
8	2213	2103	2162	2174	2	2	3	1
9	2271	2251	2215	2310	1	1	3	1
10	2104	2067	2119	2161	2	1	1	2

表 6.3　層別演習用データ（パターン 3）

ロット番号	機械 1	機械 2	機械 3	機械 4	C1 シフト	C2 材料	C3 前工程作業者	C4 後工程作業者
1	2293	2298	2172	2144	1	1	1	1
2	2189	2226	2178	2170	2	1	1	2
3	2252	2214	2162	2112	1	1	2	3
4	2274	2256	2156	2092	2	1	3	4
5	2232	2201	2183	2106	1	2	4	4
6	2244	2212	2143	2118	2	2	2	3
7	2169	2213	2213	2103	1	2	2	2
8	2282	2207	2162	2174	2	2	3	1
9	2271	2251	2104	2067	1	1	3	1
10	2215	2310	2119	2161	2	1	1	2

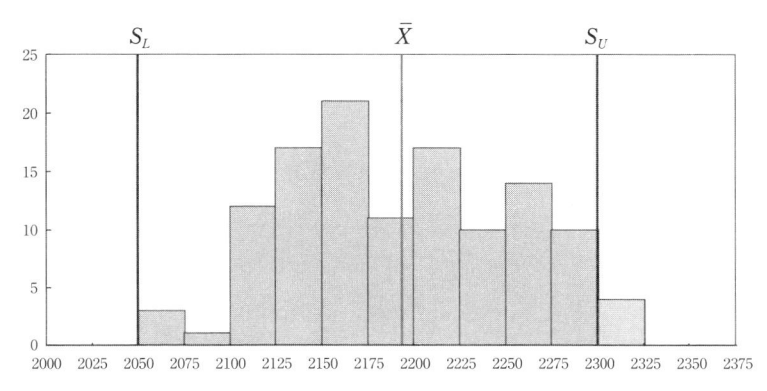

図6.3　全体のヒストグラム

　さて，次の手はどうしたらよいだろう？

　今回の場合，ここでブレーンストーミングを始めてみても何も出てくるはずはない．なぜならば，この演習ではどんな工程だか材料の正体も，どんな人がどのように働いているか，何もわかる訳がないからだ．

　それならば，与えられている機械，シフト，ならびに材料から各作業者といった層別因子で特性値を片っ端から層別してみようか．時間と体力のある方はそれでも良いかもしれない．ただし，5つの要因それぞれで層別すればよいという訳ではないかもしれない．例えば「シフト」と「材料」の組合せというような，要因2つずつを組み合わせた効果(交互作用)，3つずつ，4つずつ，5つ全体の組合せをなどとすべてを網羅しようとすると，徹夜をしても難しいかもしれない．二度とこんなことはやりたくないと感じるには十分な仕事量だ．そして，悪いことにその中に「答え」が入っているという保証もない．何かここでは捉えていなかった要因による効果が効いていたとすると，徹夜作業もまったくの骨折り損ということになってしまう．

　この場合，要因系からの分析に突っ込む前に，結果である特性値をもう少し見てみよう．ここで出番となるのが管理図だ．

　とりあえず，1ロットを群とした$\bar{X}$–R管理図を描いてみよう(**図6.4**).

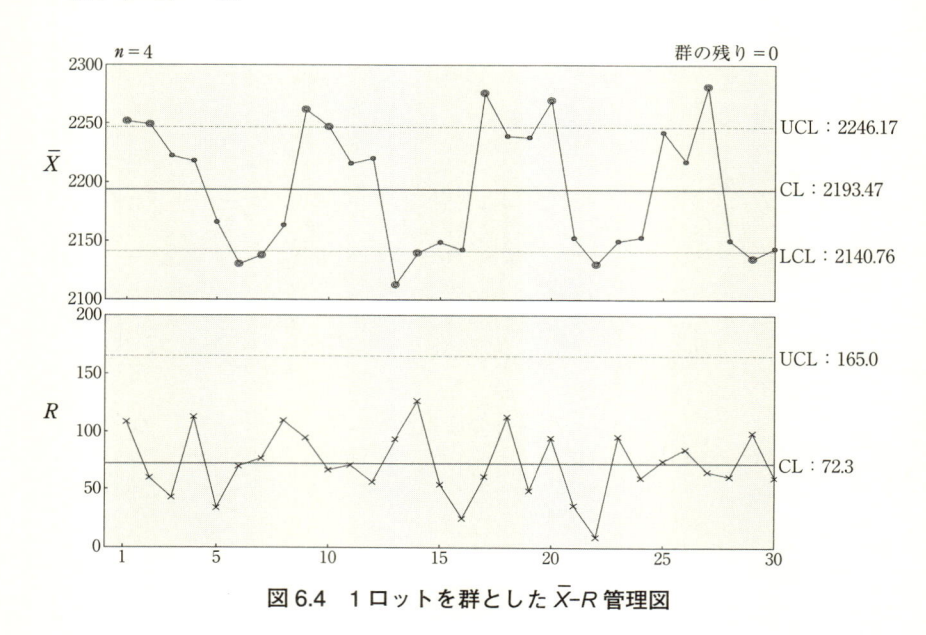

図6.4　1ロットを群とした $\bar{X}$-R 管理図

さて，この管理図から何が見えるだろう？

「管理限界線を超えた点も多く，また，周期性もあるので異常と判定する」というだけでは不十分だ．われわれがこの管理図を描いた目的は，異常を早く発見して異常処置をとりたいという管理用管理図的な目的ではなく，ばらつきの要素を分解するための効果的な視点を探るという解析用管理図的な目的だからだ．

まずは R 管理図を見るとそこそこの管理状態のようだが，$\bar{X}$ 管理図がすごい．いくつもの異常値が出ているうえに4群ごと程度に上下している明らかな傾向が見える．ここで，「しめた，**取りつく島ができた**」と思っていただきたい．そのような群間にある傾向を説明できる要因を探し当てれば，真の原因に近づけることになるからだ．

ここで，原因追究のために特性要因図を描こうとすると**その頭**はどうなるだろう．

　管理図を描き始めるときに「とりあえず，1 ロットを群とした $\bar{X}$-R 管理図を描いてみよう」としたことに驚いた読者がいるかもしれない．多くのテキストには管理図では「群の決め方が大事だ」と書いてあるからだ．たしかに，現状安定している工程を維持するために使われる**管理用管理図**では，それは致命的に重要だ．ただし，ここでは全体のばらつきを分解するきっかけをつかみたいという**解析用管理図**として管理図を使っているので，その群の意味は後で考えればよい．もし，たまたま群を小さくとりすぎた場合は，ばらつきの要素は「群間」に現れ，逆に大きくとりすぎた場合は「群内」に現れるからだ．

　とにかく描いてみれば何かがわかる．

　「特性 y のばらつき大」などという表現では，管理図から得られた情報が何も反映されない．「ロット番号 1～4，5～8…のような 4 ロットごとに変化する特性 y」というような表現で，問題点をより端的に表現したい．

　すると，ブレーンストーミングをする前に**表 6.1** に与えられたデータを見よう．C2（材料）がロット番号 1～4 が 1 で 5～8 が 2 となっているというように，管理図の 4 群ごとに入れ替わっていることに気づいてしまう．シフトやその他の要因の変化のパターンは 4 群ごとの変化とはまったく関係ない．このことから，C2（材料）が原因の候補であることは比較的簡単に見つかってしまうので特性要因図の作成は省略しよう．

　「本当かなぁ」ということで確認のために登場するのが**層別**だ．では，やってみよう．

　ここで，**ヒストグラム**はスケールを揃えて**縦**に並べ，**管理図**は**横**に並べるのが基本だ．すると**図 6.5** に示すとおり，C2 の材料 1 と材料 2 のヒストグラム

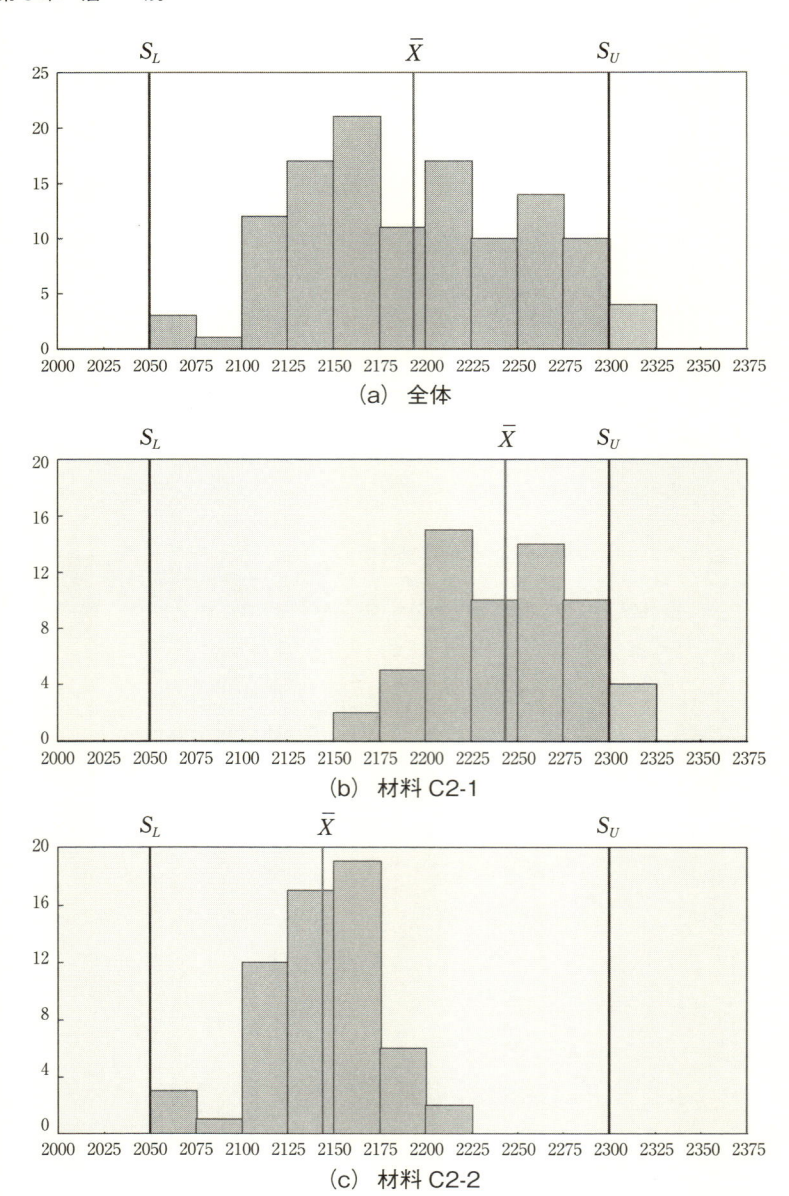

(a)　全体

(b)　材料 C2-1

(c)　材料 C2-2

図 6.5　全体のヒストグラムと C2（材料）の種類で層別したヒストグラム

は明らかに中心の位置が違っていることと，全体のヒストグラムの右側の部分が材料 C2-1 からできており，左側が材料 C2-2 からできていることが一目瞭然だ．

さらに，材料で層別した管理図を作成してみよう（**図 6.6**）．R 管理図では両材料ともほとんど同じ高さで安定してばらついていることから，群内のばらつきはほとんど同じでかつ安定しているもことがわかる．$\bar{X}$ 管理図はそれぞれでは安定しているものの，材料間ではその平均値が大きく異なっていることも一目瞭然だ．細かい数値まで追わなくても，これらの図を眺めるだけで大体のことがわかってしまう．

この先，「C2（材料）の種類によって材料 C2-1 が狙い値より 75 ほど高く，材料 C2-2 が狙い値より 25 ほど小さくなってしまっている」原因を追究する段階では固有技術を総動員した特性要因図の出番となり真因に一歩近づくことになる．

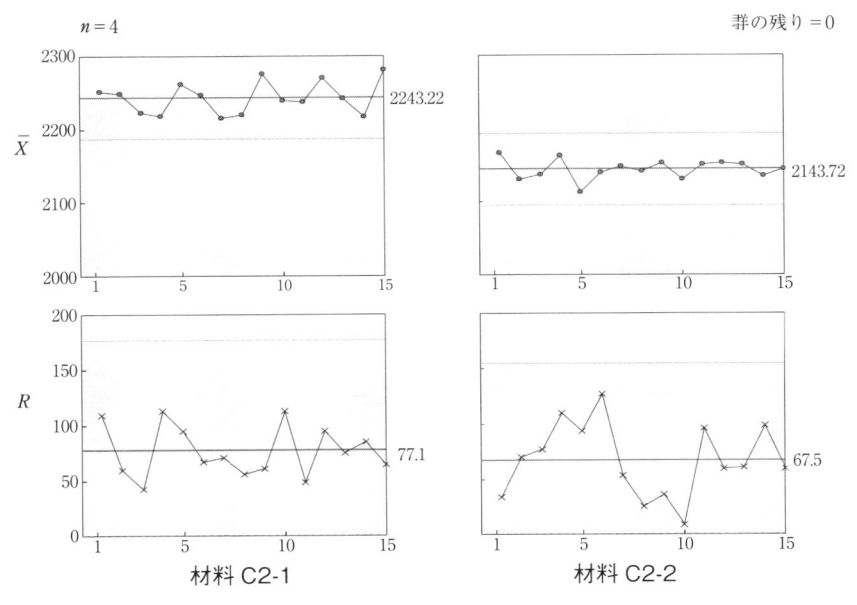

図 6.6　C2（材料）の種類で層別した $\bar{X}$-R 管理図

(2)　パターン 2 の解析

　まずは，何をおいても全体のヒストグラムを描いてみるのはパターン 1 の解析時の**(1)項**と同様だ(**図 6.7**)．

　「あれっ，どこかで見たようなヒストグラムだ」とお気づきだろうか．そう，実はパターン 1 とまったく同一だ．パターン 2 の y のデータは(実はパターン 3 も)パターン 1 のデータを並べ替えただけのものだ．

　したがって，このヒストグラムに対する考察はパターン 1 と同じだ．

　では，ここでも同様に，とりあえず 1 ロットを群とした $\bar{X}$–R 管理図を描いてみよう(**図 6.8**)．

　まずは R 管理図を見るとそこそこの管理状態のようだが，$\bar{X}$ 管理図がすごい．いくつもの異常値が出ているうえに群ごと程度にジグザグと上下している明らかな傾向が見える．そこで，このような群間にあるジグザグとなる傾向を説明できる要因を追究することにする．

　「群(＝ロット)ごとに $\bar{X}$ がジグザグする」を頭として，ブレーンストーミングを行い特性要因図をまとめるのもよいだろう．幸いなことに，**表 6.2** に与えられたデータを見れば，「シフト」がロットごとに入れ替わっているが他の要

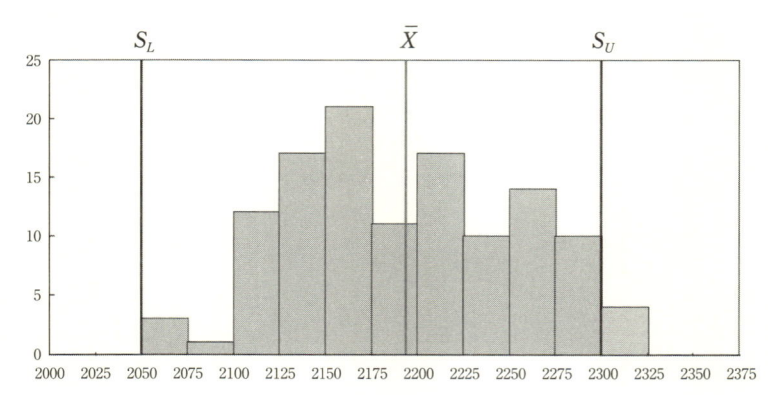

図 6.7　全体のヒストグラム

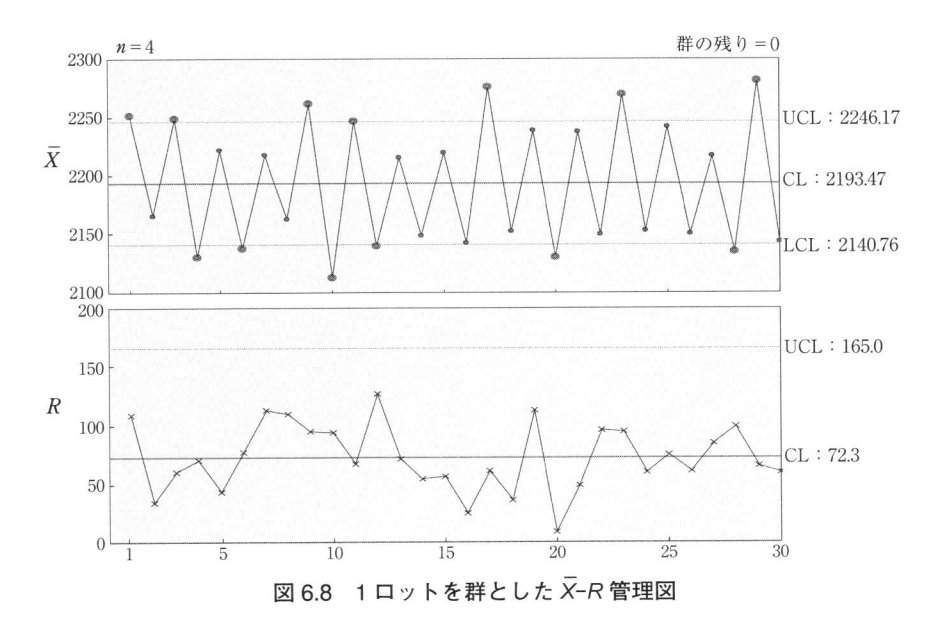

図 6.8 1ロットを群とした $\bar{X}$-R 管理図

因はそれとは異なるパターンであることから「シフト」が原因の候補であることが比較的簡単に見つかってしまう．（現実の場でこのような都合の良いデータを捉えられていない場合は，きちんとした現場調査と y のばらつきに関する固有技術をもってブレーンストーミングをしよう．）

　今度はシフトで「層別」してみよう（**図 6.9**）．

　「あれれっ，これもどこかで見た覚えがあるぞ」と思われるだろう．そう，**図 6.5** と同じだ．層別して効果が出る要因を組み替えたものだからだ．すると，(1)項と同じロジックで解決の方向に向える（管理図は省略する）．

(3) パターン 3 の解析

　調子に乗って同様に全体のヒストグラムと管理図を描いてみよう（**図 6.10**，**図 6.11**）．

　全体のヒストグラムからは，当然同じ情報が得られるが，問題は管理図だ．

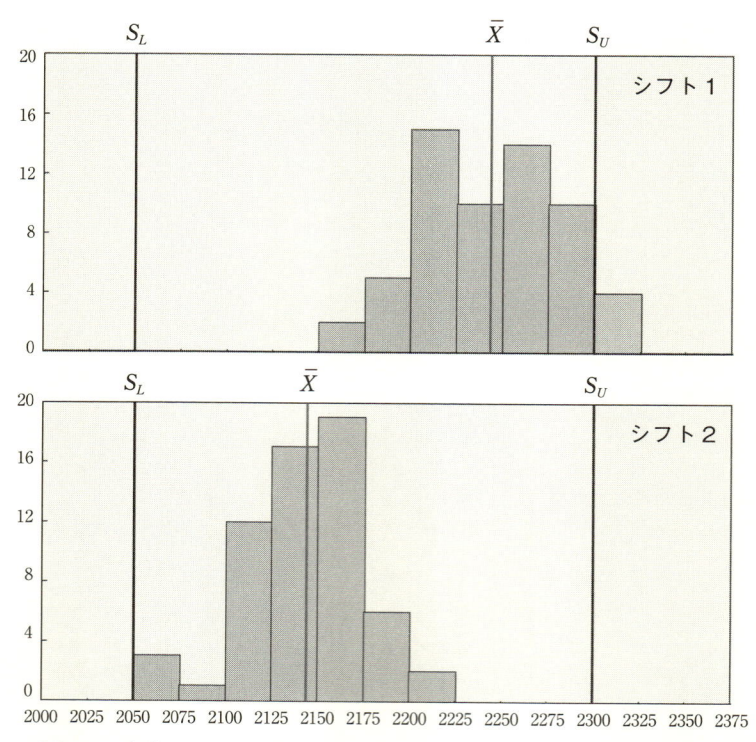

図 6.9　全体のヒストグラムと C1（シフト）で層別したヒストグラム

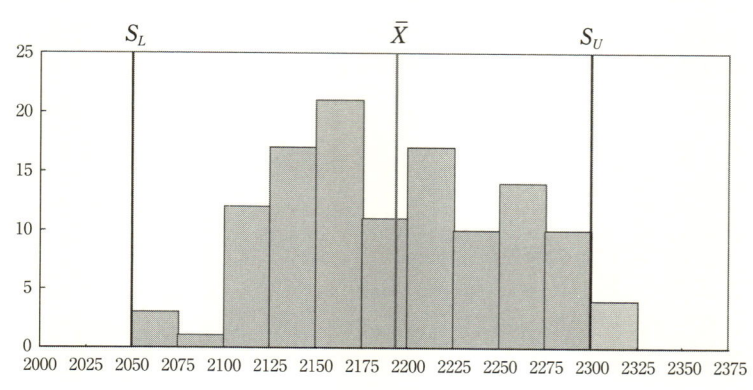

図 6.10　全体のヒストグラム

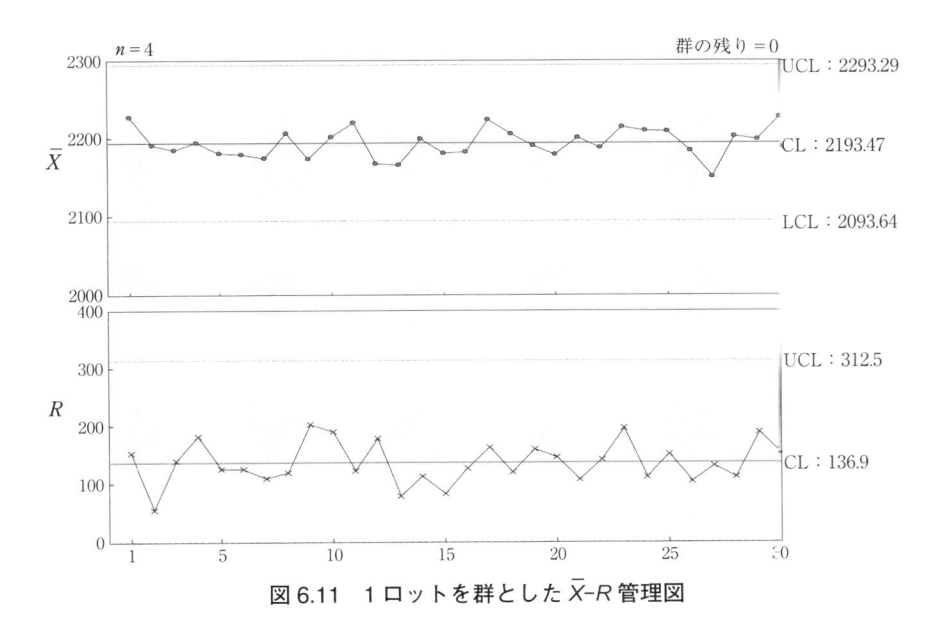

図 6.11　1 ロットを群とした $\bar{X}$-R 管理図

パターン 1 やパターン 2 の管理図のように明らかな傾向はなく，この管理図は一見「非常に良い管理状態」と解釈してしまい，だからこの後どうして良いかわからないという結論になりがちだ．「なんだ！　やっぱりヒストグラムも管理図も大した役には立たないぞ」と誤解されるかもしれない．

　管理図の異常判定のルールを思い出してもらえば，この管理図が中心化傾向を示していることに気がつくかもしれない．そこまで気づかなくても，$\bar{X}$ 管理図で一つも管理限界外に出ている点もなければ着目できるような異常なクセも出ていないと判断してほしい．すると何がわかるか？

　ばらつきを大きくしている要因を探すには群間ではなく，**群内のばらつきに着目すべきだ**という観点が出てくる．**表 6.3** のデータを見るとシフトや材料類はあるロット（＝群）の中では共通なのでとりあえず棚上げしておこう．群内のばらつきの要素としては，4 台の機械がある．そこで，層別のキーとして「4 台の機械」という要因が浮上してくる．では，やってみよう．

　図 **6.12** は4台の機械別に層別したヒストグラムだ．結論は明らかだ．機械ごとのばらつきにはあまり違いがないものの，機械1と機械2の平均値と，機械3と機械4の平均値ではずいぶん違いがあることがわかる．また，管理図を描けばそれぞれはそこそこ安定して動いているということもわかる（管理図は省略する）．ということは，機械1と機械2の平均値を上げてしてしまい，機械3と機械4の平均値を下げてしまうであろう要因をさらに追究していくこととなり，調べるべき要因を大幅に絞り込めることになる．

　ちなみに，上記の対策が済めば工程能力指数は $C_p = 1.1$ 程度となり，十分とはいえないがある程度の工程能力を確保できるだろうこともわかる．

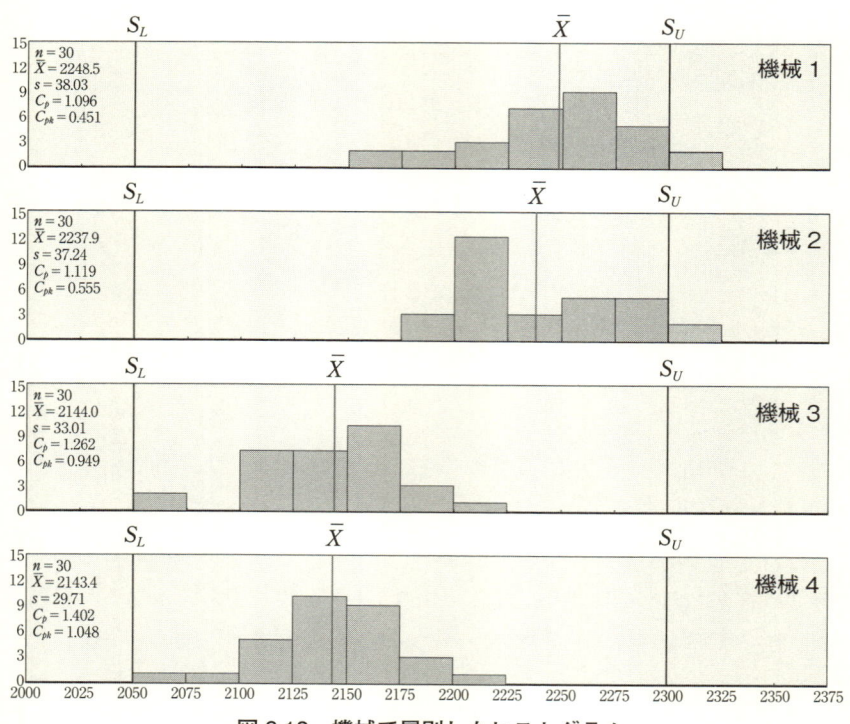

図 6.12　機械で層別したヒストグラム

豆ちしき 　工程能力指数の判断基準

$C_p \geqq 1.67$ 　工程能力は極めて十分.

$1.67 > C_p \geqq 1.33$ 　工程能力は十分.

$1.33 > C_p \geqq 1.00$ 　工程能力はほぼ確保.

$1.00 > C_p \geqq 0.67$ 　工程能力は不十分.

$C_p < 0.67$ 　工程能力は極めて不足.

(4) 3つのパターンの解析からわかること

以上の3パターンの解析からわかることをまとめてみよう.

① 　まず全体のヒストグラムを描けば改善する必要性があるかどうかを確認できる.

② 　群の大きさをどのようにするかなどということで迷っている暇があれば, 適当な管理図を描けば, 大きなばらつきをつくり出している要因の居場所を絞り込んでくるので解析の方向性が出てくる.

③ 　出てきた方向性について要因を探せば, 探す要因の対象が絞られる.

④ 　絞られた計数的な要因を確認する決め手となるのが「層別」だ.

この設問では限られた数の要因が既に与えられており, かつ, その中に「答え」が入っていた. 実際の問題では考えられる要因はごまんとあり, かつ, その取り上げた要因の中に答えがあるとも限らない. 怪しいとにらんだ要因に関するデータがない場合は, そこから改めて別のデータを取らなければならないときもある.

その意味からは, やや単純にしすぎた例題といえるかもしれない. ただし, この設定よりも複雑な, 実際の問題解決にあたって, 最初の段階で方向性を誤るととんでもないことになることもご理解いただけると思う.

ちなみに, パターン1からパターン3のデータはすべて同じデータで, その

組合せを変えただけだ．このデータをいろいろと組み替えて他のパターンをつくってみよう．ヒストグラムと管理図そして層別との関係への理解が深まるだろう．

　あるヒストグラムを議論しているときに，○○別に層別してみようという話になった．データも手元にあるし統計解析ソフトも購入してあるけど，今は設定していないので使えないという不思議なことが起こった．よくよく聞いてみると，「統計解析ソフトは高額でライセンス数も限られているので，厳重に管理してなるべく使われないようにしている」とのことだった．

　統計解析ソフトは使っても減るものではない．もっと使おうよ．

第7章

チェックシート

7.1　すべてはここから始まる

　これまでの議論の多くは，実は，データが取られた後の議論だ．そもそもデータ自体がなければこれらの道具は使えないのは当たり前だ．そこで出てくるのがチェックシート(チェックリストというときもある)だ．

　センサーやデータ通信・蓄積技術，さらには音声・画像解析技術や AI までが進化している現在，そんな原始的なチェックシートなどは「過去の遺物だ」と思われるかもしれない．

　しかし，それらのインフラを整えるための資金が足りないというときだけでなく，そのような先端技術を使ってデータを取ろうというときにも，まず，どのようなデータをどのように取るかを設計しなければならないし，実際にそのようなデータが取れるのか，取れたとして現実的に役に立つのかの当たりをつけようとする場合，原始的なチェックシートも役に立つ．

　チェックシートには，記録用や解析用にデータを取るための「記録用チェックシート」と，漏れなくある仕事ができたかどうかを確認するための「確認用チェックシート」とに大別される．

　まずは，「記録用チェックシート」から話を進めよう．

7.2　記録用チェックシート

(1)　組立工程の例

　ある大量生産をしている機械組立工程で「自工程完結」を進めるために，全員が自分の作業における手直しデータを取り始めた．この現場における「手直し」の中には，前工程から流れてきた不良もあれば，自工程でうまくできなかったために起こってしまった不良もある．**表7.1**は，このチェックシートを導入してしばらくした段階である現場で見かけたチェックシートの例だ．

　読者諸氏ならこのチェックシートをどう解釈してどんな対応をとるだろうか．

　さて，この場合，実際にどのようにデータが取られていたかを考察してみよう．背景を詳細に説明していないので，いろいろなケースが考えられるが，大量生産工程なので，1日に数百台以上の機械を組み立てていると想像してほしい．

　もし，不良品はラインアウトして，翌日の作業開始時刻などのタイミングでまとめて手直しをしていたとすると，それほど不思議なデータではない．

　ところが，筆者が以前このようなチェックシートに出合った現場では，不良を見つけたら，すぐに手直しできないような大きな不良はラインアウトすることになっていたが，一般的な軽微なものはその場で手直しするということになっていた．そのために，この工程にはゴム製のハンマーとか，各種のヤスリな

表7.1 ある組立作業工程での不良手直し項目のチェックシート

手直し項目 日付	上側段差	下側段差	曲がり	キズ	汚れ	…	その他	備考
1	3	3	0	2	1		異品	
2	5	7	1	0	2			
3	4	6	1	1	2			
4	6	4	16	0	4			前工程の機械故障 による曲がり多発
5	2	7	7	0	3		変色	
6	8	3	2	0	1			
⋮								
29								
30								
31								
備考								

どの手直し用の道具類も揃っていたし，作業員も必要な訓練を受けていた．

すると，これは実にたいへん不思議なデータだ．

現場の担当者が実際にどのようにしてそのデータを残していたのだろうという疑問だ．1日7〜8時間の作業中に発生した項目別の手直し件数をどうやって正確に数えて，終業時などの記入するタイミングまで覚えていたのだろうかということを考えてみようという訳だ．

よほどのスーパーマンでもない限り，1日の不良形態別の不良数をちゃんと覚えているなどということはあり得ない．実際に当時の担当者に聞いてみると「たぶんこんなもんだったと思いますよ」ということだった．

事実データで語ろうとするときに，そのもともとのデータが信用できなけれ

ば，その出発点を間違えてしまう．

　これは現場の作業員の問題だと片づけてしまっては論外だ．もともと，正確なデータを取れるようなツールが用意されていなかったのだから，作業員の責任ではない．特に，技術者・管理者が実態を考えずに欲しいデータの形だけを頭で考えて，現場にデータ取りを押し付けるとこんなことになってしまうのではないだろうか．

　対応としては，基本に戻ることだ．不良を発見したらすぐにその場で作業を止めてでも，タイムリーに一件一葉でデータを取ることだ．するとデータの形は「////」のようなチェック数で示すか，日本古来の「正」の字で取るかなどということになるだろう．

（2）　サービス業の現場の例――忙しいときにデータを取る

　映画『フラガール』でも有名になった，スパリゾートハワイアンズがデミング賞（当時はデミング賞事業所表彰）を受賞する前，その朝食バイキングのサービスの改善に取り組んだ．

　当時，宿泊客定員 1,300 名に朝食を提供するために 460 席を用意して対応していたが，その状態を端的に表現したのが，当時の従業員の一人が漫画で描いてくれた**図7.1** だ．すなわち，大混雑となりサービスの質がやや低下していた．

図7.1　朝食バイキングの混雑

　そこで，このような状態を捉えるために，何とかデータを取ろうとして設計したのが**図7.2**のようなチェックシートだった．開始時刻から終了時刻までの時刻を縦軸として，問題が起こっていると思われたいくつかの項目を横軸とした．さらに，お客様の生の声も記録できるようにもした．

　データを取り始めてから，1カ月後，集まったデータの中の典型的な1日の結果が**図7.2**だった．

　あれっ，ちょっと待てよ．バイキング台の前に並んでいるお客様の数は多くてもせいぜい10人じゃないか．席がなくて探している人数もせいぜい5〜6人か．460席を提供している朝食会場としては，大した問題ではないんじゃないか？　それに，お客様からいただいたコメントもお褒めの言葉ばかりだし……．これならばあえて改善しなくてもいいんじゃないかという意見も出てきた．

　一方で，「いや，そんなことはない．先月は特に凝った料理を提供したり，満室の状態が続いたりで，けっこう混雑したじゃないか．このデータは現実を表していないんじゃないか」という意見も出てきた．よくよく見ると，数字を書いていない「**ブランク（空欄）**」の欄が多いことも気になった．

時刻	バイキング台の前の人数	席を探している人数	...	お客様コメント
7：00	5	5		
7：05				
7：10	2	5		美味しかった
7：15				
7：20				
7：25				
7：30				
⋮				
8：20	10	5		
8：25				
8：30				
8：35				
8：40				
⋮				
8：50	5	3		
8：55				

図 7.2　お客様の行動観察用チェックシートの例

　実は，記録担当者となった従業員はサービス精神旺盛なベテランばかりで，目の前でお客様が困っていると放ってはおけず，データ取りよりもサービス提供を優先した結果だったことがわかった．サービス業の従業員としてはある意味で立派な心掛けだ．

　同じようなことが，典型的なサービス業である同社の改善活動では常につきまとっていた．すなわち，多くの問題点はお客様が大勢いる忙しいときに発生する．しかし，困っていたり怒っていたりするお客様が目の前にいるときに，おもてなし第一を実践している従業員としては，黙々とデータなどを取ることはできない．一方で，やっとピークが過ぎて，暇となりデータを取れるようになると，今度は問題自体が起こらない．したがって，その結果として集めたデ

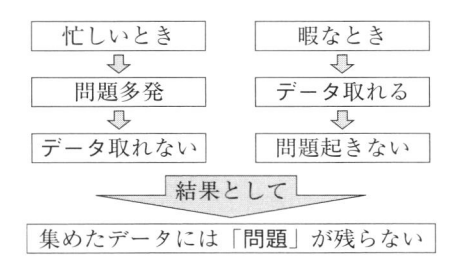

図7.3 サービス業務でデータが取れない理由

ータには問題が残らないというからくりだ(**図7.3**).

そこで登場したのが，当時やっと普及し始めたビデオだった．これによって，サービス時間中はカメラを置いておくだけで記録を取れて，何度でも全員で見られるうえに，サービス業としては気になっていた「お客様に意識されてしまい失礼になるのではないか」という懸念もほとんどないという長所もあった．

その結果，いろいろな角度からの分析が進み，劇的な効果を挙げることができた．さらにこのような活動は，朝食バイキング会場だけにとどまらなかった．混雑時のフロント業務の分析による混雑の緩和や，同社の売り物であるフラダンスなどのショーの品質向上などにおいて多くの改善をもたらした．以前は，サービス業務ではその提供と消費が同時に発生してしまうため，また，サービスとは人による人への無形物だなどとの言い訳のもとに，事実データにもとづく改善活動が進まなかった現場も多くあった．それらの現場でも同様に展開され，これがレジャー・サービス業として初めてのデミング賞受賞につながった．

(3) データを取りにくいから工夫する

チェックシートを，事実を捉えてデータにするための道具として捉えるならば，それは紙媒体だけに限定されない．

データを取りにくいから**取らない**のではなく，取りにくいデータを取る工夫を期待したい．そのためには，音，画像，動画などさまざまな方法がある．しかも，以前に比べてとても少ないコストで大量に簡単に取れるようになってき

た.

　感性，すなわち人間の感覚を使った評価も役に立つ場合も多い．精密機械による精密測定に頼らなくても，初めの段階では誰かが判断した○×だけでも良いかもしれない．もう少し精密にというならば，○×△でも良い．さらにとなれば，5段階評価，10段階評価でも良いかもしれない．

　特に，その問題に初めて取り組むような場合，始めから高度な分析機器や詳細なデータを取ろうとしなくても，まずは荒っぽいデータを取って荒っぽく問題を解決した後で本質に迫っていくというのが実務的だろう．

豆ちしき　いろいろな尺度の話

　チェックシートを使ってデータを取る場合，客観的な機械や定規などで測った「数値」でなければならないと誤解している人も多い．
　データとして使える情報の尺度には，一般的に，

- 名義尺度（血液型のように質的な違いを区分した尺度）
- 順序尺度（名義尺度に加えて，レースの着順のようにさらに順番が付けられる尺度）
- 感覚尺度（順序尺度に加えて，温度などのようにさらにその間隔に意味をもたせられる尺度）
- 比率尺度（感覚尺度に加えて，距離などのようにさらにその絶対的な0点があり，比率関係に意味をもたせられる尺度）

がある．情報量は少ないが，名義尺度も立派な尺度の一つだ．
　さらに，いわゆる言語データ，音声記録，動画など，データを取る工夫はあふれている．

7.3 確認用チェックシート

　ある仕事が漏れなくできたかどうかを確認するための「確認用チェックシート」についても触れておこう．ただし，「漏れをなくす」という根性論は立派だが，完璧な項目を備えたリストを求めるのはわれわれ人間には所詮不可能なことだ．われわれができることは，できるだけ漏れを少なくしようと努力することだけだ．チェック項目を列挙する方法には大きく分ければ，古代ギリシャのアリストテレスの昔から演繹法と帰納法，ならびにその組合せがある．

　演繹法的なアプローチとは，一般的原理からその仕事の機能分析などを行って項目を列挙していく方法であり，帰納法的なアプローチとは過去の事例や知見を集めてその中から項目を列挙していく方法だ．

　ただし，どちらにしても，まったくのゼロから始めて，関係者が角を突き合わせてブレーンストーミングをしてつくるのでは心もとない．現在では一般的な業務に始まりかなり専門的な領域についても，ちょっとネットを検索したり市販のアプリを参照したりすると非常に多くの役に立つ確認用チェックシートの事例が見つかる．

　正直に書こう．筆者自身，本書を書き始めてからこの部分の内容が薄いのでネット上で参考になるものを調べてみた．すると実に豊富で有用な例がいろいろな形式のテンプレートとともに提供されていることに驚いてしまった．

　そこには，製造工程内で使えそうなものだけでなく，人事面接用，営業プロセス，店舗管理，職場の規律，内部監査など実に広範囲だ．それらを使わない手はないだろう．さらに，それらの知識を構造化して設計・計画で実際に使えるようにしようということを専門的に支援している，㈱構造化知識研究所*が提供するようなサービスもある．

　社内での知財管理が進んでいる会社では，技術分野でも技術標準，FMEA，FTA，DRチェックシートなど高度に専門的な内容についてチェックシートが

---

* https://www.ssm.co.jp/

整備され，それが，その企業の知的財産であり競争力の源泉の一つとして重要視されていることだろう．

【事例1】

　ある機械を製造しているある工程では，締付けトルクに規格がついているおよそ30箇所のボルトの最終締付けをしていた．ねじの径が20mm以上の大きなボルトを使い，締付けトルクもけっこう大きいので，締付け時には専用のかなり大きめの保護手袋をして，重たいトルクレンチを扱わなければならない．締め付けたボルトには，その確認用に黄色いマークを専用のペンで付けることになっていた．機械本体の上に付いたチェックシートだ．作業を観察していると，まずはその約30箇所すべてをボルト締めした後に，くだんの手袋を外してそばの台の上に置いて，ペンを取り出してから，締め付けたボルトに約30箇所にチェックしていた．

【事例2】

　ある建設工事現場では始業時に大型クレーンの始業点検をしていた．その点検項目は小さな字でA4用紙2ページになるほど詳細なものだった．足回りの状態に関するものから，運転室内の項目，さらには10m以上上空のクレーンの先端の状態に関するものも含まれていた．始業点検ではそれらの項目を5分ほどかけて毎回全項目点検しているとのことだった．

　ちょっと待ってくれ．これらの事例は，チェックシートという道具立ての事例としては良いかもしれないが，本来の目的を達成できているだろうか．30箇所のボルトの締付け作業をすべて終わった後で，それらの上に印を付けるということは，ひょっとすると，「すべてのボルトの上に印を付ける」ということが作業の目的となってしまい，締め付けたことを確認するための印になっているか甚だ疑問だ．大型クレーンをちゃんと確認するならば30 〜 60 分はかかるはずだ．クレーンの先端を地上から目視しただけで点検できるとすると，よほどのスーパーマンか荒っぽいかのどちらかだ．

　確認用チェックシートの使い方の基本は 1 対 1 だ．確認項目を一つ確認したらその項目をチェックするというのが基本だ．せいぜい 3 対 3 か 5 対 5 が限度ではないだろうか．確認用チェックシートを使いこなすには，実際の現場で試用してその使い方に関する使い方の標準まで備えておくこと，そして，それらが標準時間に組み込まれている必要がある．

　　2019 年 1 月，厚生労働省の毎月勤労統計に関して，まさにサンプリングの方法が間違えていたという重大な問題が指摘された．本書の執筆段階で詳細は不明だが，サンプリング方法が不適切だとかくも大きな問題となるという実例だ．読者諸氏のまわりで，10 年以上慣例的に実施されているサンプリングによる測定(抜取り検査)を見つけたら，「しめた！」と思っていいだろう．相当無駄なことをやっているか，あるいは大きな問題を見逃しているかという場合がほとんどだ．さらにいえば，200%，300%も含む全数検査とは，**検査方法としては最悪**だ．いかに早く工程で品質をつくり込めるようにするかが重要だ．

第8章

QC 七つ道具で ここまでできる

　近年「ビッグデータ」解析の必要性が高まってきた．その背景については省略するが，読者諸氏の中には本書に書かれたような QC 七つ道具などは「古すぎて使い物にならない道具」，「単純な現場レベルでは役立つことがあっても技術者が関与するような問題では歯が立たない道具」と誤解される方もいるかもしれない．

　たしかに，散布図に 1 万個の点を打ったら，真っ黒になって何もわからない．管理図でも，群の数が 1 万にもなったら真っ黒になるか長くなりすぎて訳がわからない……．

　しかし，一方で，基礎的な解析を飛ばしていきなり多変量解析をすると GIGO(Garbage In, Garbage Out：ごみを入れればごみが出てくる)となってしまうリスクが大きくなる．

　まずは QC 七つ道具のような基礎解析をとおして，異常値を取り除いたり，層別したりしたうえで，基本的な傾向をつかんでおくと高級手法もその真価を遺憾なく発揮できる．

　われわれは，データ自体を見たいのではない．その裏に隠れている母集団の姿を見たいのだから．

8.1　設問とその背景

それにしてもこれまでの例では話が単純すぎる．逸話としてはわからないではないが，自分が現在直面している問題はもっと多くの要因が絡み合った複雑怪奇なものだ．QC七つ道具程度で何とかなるものではない，と思われている読者も多いかもしれない．そこで，以前筆者が体験した事例をもとに多少単純化してまとめたものが以下の設問だ．本書の仕上げとして付け足しておこう．

【設問】

従来，工程能力が十分高く問題なしとしていたある特性値 y について，客先から新たに［**下側規格 1.85 ～ 上側規格 2.15**］**とするように**との要求が出てきた．

表 8.1 の様式で，特性値 y とそれに影響すると考えられている要因 $X1$ ～ $X11$ に関する従来の操業データをまとめた．顧客要求を満足するようにするにはどうすればよいか解析せよ．

どうも y だ X だでは，現実味がないなぁと思われる方は，特性値 y と全要因に適当な背景を想定していただくとよいだろう．

第6章の「層別」で示した設問では，取り上げられた要因はすべて計数値だったために，「層別」を駆使すれば解決に至る道筋が見えてきた．ところが，**表 8.1** のデータでは，日付と時刻の他に3つの計量値の要因も含み，11の要因が挙げられており，データ数も 192 と多くなっている．特記事項の欄にはそれらしい情報も入れられており，異常値があることをにおわせている．

もちろん現実の問題では，より多くの情報があるだろうし，多くの欠測値もあるし，データ数もこの何万倍もあるという場合もあるだろう．それらの要因の中に正解となる原因があるとも限らない．その意味では，実際の問題に比べてはるかにやさしい設定となっている．実際の問題に取り掛かる前の準備運動として検討していただきたい．

表 8.1　特性値 y とそれに影響すると考えられている従来の操業データ

	日	時刻	y	$X1$	$X2$	$X3$	$X4$	$X5$	$X6$	$X7$	$X8$	$X9$	$X10$	$X11$	特記事項
1	4/10	0	2.01	A	c	E	g	J	m	o	11.1	X	48.1	635	調整
2	4/10	0	1.90	A	d	E	g	J	m	o	11.1	X	48.0	636	
3	4/10	2	1.87	A	c	E	h	J	m	o	11.1	X	48.8	631	
4	4/10	2	1.84	A	d	E	h	J	m	o	11.1	X	48.7	634	
5	4/10	4	1.87	A	c	E	i	J	m	o	11.1	X	47.5	628	
6	4/10	4	1.78	A	d	E	i	J	m	o	11.1	X	47.3	628	
7	4/10	6	1.81	B	c	E	g	K	m	o	11.1	X	47.4	626	
8	4/10	6	1.79	B	d	E	g	K	m	o	11.1	X	47.6	626	
9	4/10	8	1.83	B	c	E	h	K	m	p	11.1	X	48.2	624	
10	4/10	8	1.83	B	d	E	h	K	m	p	11.1	X	48.3	625	
11	4/10	10	1.71	B	c	E	i	K	m	p	11.1	X	48.3	622	
12	4/10	10	1.83	B	d	E	i	L	m	p	11.1	X	48.7	619	
13	4/10	12	1.80	A	c	E	g	L	m	p	11.1	X	48.0	636	調整
14	4/10	12	2.08	A	d	E	g	L	m	p	11.1	X	47.5	635	
15	4/10	14	1.89	A	c	F	h	L	m	p	11.1	X	48.0	633	
16	4/10	14	1.94	A	d	F	h	L	m	p	11.1	X	48.2	631	
180	4/17	10	1.72	B	d	E	i	K	n	p	11.3	X	47.9	621	
181	4/17	12	2.26	A	c	E	g	K	n	p	11.3	X	48.7	636	測定ミス
182	4/17	12	1.93	A	d	E	g	L	n	p	11.3	X	47.7	633	
183	4/17	14	1.98	A	c	E	h	L	n	p	11.3	X	48.7	634	
184	4/17	14	1.84	A	d	E	h	L	n	p	11.3	X	48.4	634	
185	4/17	16	1.87	A	c	E	i	L	n	p	11.3	X	48.3	630	
186	4/17	16	1.88	A	d	E	i	L	n	o	11.3	Y	47.1	632	
187	4/17	18	1.82	B	c	E	g	J	m	o	11.3	Y	47.3	626	
188	4/17	18	1.87	B	d	E	g	J	m	o	11.3	Y	48.5	627	
189	4/17	20	1.71	B	c	E	h	J	m	o	11.3	Y	48.1	630	
190	4/17	20	1.79	B	d	E	h	J	m	o	11.3	Y	48.9	625	
191	4/17	22	1.75	B	c	E	i	J	m	o	11.3	Y	48.8	625	
192	4/17	22	1.84	B	d	E	i	J	m	o	11.3	Y	47.9	622	

　なお，この省略部分を含めた全データは日科技連出版社のホームページから
ダウンロード(本書のまえがきを参照)していただきたい．

8.2　まずはアプローチの基本方針を検討しよう

さて，このような設問が出てきた場合どのようなパターンで取り組もうとするだろうか．

【パターン1】腕力と体力に自信のある方のアプローチ

目的変数である y をすべての計数値の要因では層別し，計量値の要因では散布図を描き，さらにそれらのすべての組合せ，すなわち $9! = 362{,}880$ 通りの組合せについても層別・散布図を描き……，そこから知見を得よう．

【パターン2】"高度な"統計手法を学んだ技術者のアプローチ

何だよ，簡単な重回帰分析の問題じゃないか．いや，層別因子が入っているから少々ひねってはいるが，2水準の場合は1変数を3水準の場合は2変数をダミー変数として割り付ければ済む．実は，それらを包含した数量化理論I類の統計解析ソフトで解けば一発じゃないか．あるいは，回帰分析の欠点を補っているグラフィカルモデリングやSEM（構造方程式モデリング）でも使えば訳はない．

【パターン3】"高度な"統計手法は習ってないが，とりあえずQC七つ道具は勉強した．でも徹夜するほど元気はないなぁという人のアプローチ

まずは，全体のヒストグラムと適当な群を設定した全体の管理図を描いてから，次の進め方を考えよう．

ただし，「技術的に2〜3の要因に絞り込んでから…」とか，「分析などしている暇に，思いつくものは片っ端からできるだけの対策を打っていこう」などという実に**実務的な**アプローチはこの際問題外だ．

■パターン1のアプローチ

では早速ということで，パターン1を始められる方は，多分，明日の明け方ぐらいになるとパターン1を選んだことにそろそろ後悔し始めると思う．まずは y をそれぞれの変数で層別したり，散布図を描いたりすることはそこそこできるし，統計解析ソフトによっては全体を一気に見せてくれるような**図8.1**の「多変量連関図」を示せるものもある．

この図から，$X1$ と $X4$ ならびに $X11$ と y との層別ヒストグラムと散布図から，これらが何となく効いていることが見えるが，「その他の要因は効いていない」とは言い難い．それではということで，他の変数との組合せ効果をすべて調べようとして，そろそろ夜が明ける頃というところではないだろうか．

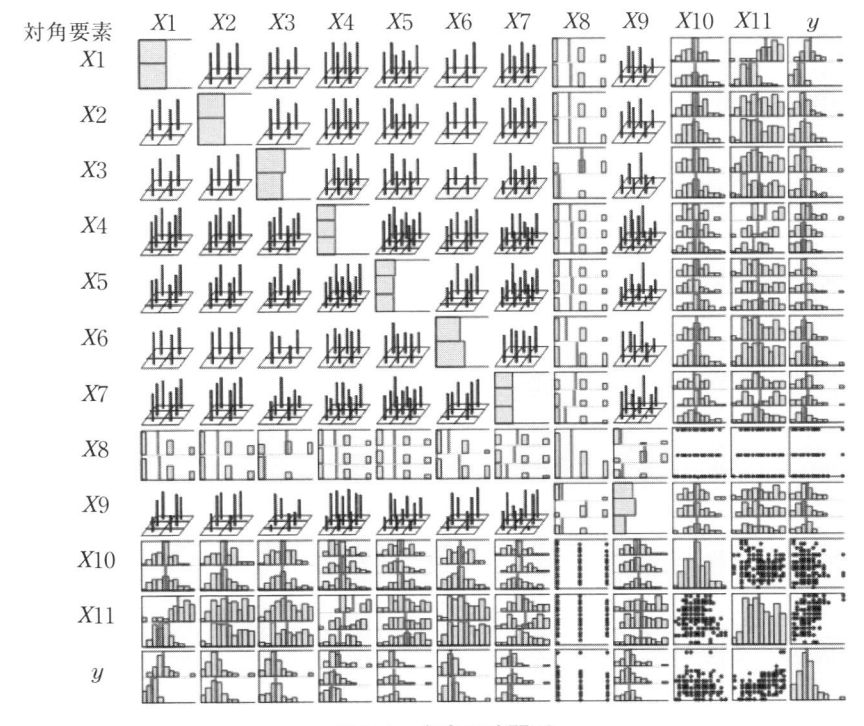

図 8.1　多変量連関図

■パターン 2 のアプローチ

　パターン 2 ができる方は，けっこう勉強している方だ．ここまでの手法を応用できるまでには，統計の基礎的な素養を身につけた後で，専門的な「多変量解析セミナー」などを受講したうえでさらに勉強しなければできないなかなかハードルの高いアプローチだ．試しに数量化理論 I 類で分析すると**図 8.2** のようになる．

　ただし，寄与率もけっこう大きいからいいんじゃないかということで，ここで正解が得られたとして解析を止めてしまうと少々困った結果になる．実は，残差標準偏差も 0.067 なので，有意となった要因をすべて固定したとしても工程能力指数は $C_p = 0.746$ にしかならない．

　残差分析などを踏まえて異常値や複数変数間での交互作用を見つけるなどしてちゃんとやろうとすると，2 ～ 3 時間はかかるかもしれないが，それなりの答えにたどり着けるだろう．腕に覚えのある方はデータをダウンロードして是

	目的変数名	重相関係数	寄与率R^2	R*^2	R**^2	
	y	0.728	0.529	0.519	0.509	
		残差自由度	残差標準偏差			
		187	0.067			
vNo	説明変数名	分散比	P値（上側）	偏回帰係数	標準偏回帰	トレランス
0	定数項	31647.7440	0.000	1.959		
7	X1	154.0648	0.000			
	A			0.000		
	B			-0.120		
8	X2	0.6924	0.406			
9	X3	1.2325	0.268			
10	X4	26.0084	0.000			
	g			0.000		
	h			-0.059		
	i			-0.083		
11	X5	0.7367	0.480			
12	X6	2.7063	0.102			
	m			0.000		
	n			0.016		
13	X7	1.2147	0.299			
14	X8	0.0412	0.839	+		
16	X9	0.0984	0.906			
17	X10	1.2029	0.274	-		
18	X11	1.6131	0.206	-		

図 8.2　数量化理論 I 類による解析結果

非とも挑戦してほしい.

　蛇足ながら，今回のように変数間が独立ではない場合に，数量化理論Ⅰ類や重回帰分析の結果で「構造解析」ができたと解釈するのは一般的には間違いだ.技術的な知見と偏回帰係数がまるで逆になってしまい混乱したという経験をもつ技術者も少なからずいるのではないだろうか．出てきた回帰式をそのまま使って，そのまま対策をとるとトンデモナイことになるので注意が必要だ.

8.3　問題解決型 QC ストーリーで取り組もう

■パターン 3 のアプローチ

「おいおい，話が急に難しくなったぞ」とご懸念の方もいるかもしれない.話を元に戻そう．そこで出でくるのがパターン 3 だ．このアプローチは何となく行き当たりばったりで，いい加減な感じがするかもしれないが，実は巻末の**付録**にまとめた「問題解決型 QC ストーリー」の基本的な考え方を踏襲している．問題解決型 QC ストーリーのステップは次のとおりだ.

① テーマの選定

② 現状把握と目標の設定

③ 要因の解析

④ 対策

⑤ 効果の確認

⑥ 歯止め

⑦ 反省と今後の計画

　すなわち，原因を追究する「③要因の解析」の前に「②現状把握」，すなわち結果系の現状を徹底的に把握しようというアプローチであり，品質管理のお家芸ともいえるアプローチだ.

　一見当たり前と思われてしまうアプローチだが，実は，このアプローチは，因果関係を解き明かそうとしている多くの人にとってまったく逆な思考方法だ.**図 8.3** のように特性要因図の構造を使って説明しよう．われわれが小学校以来

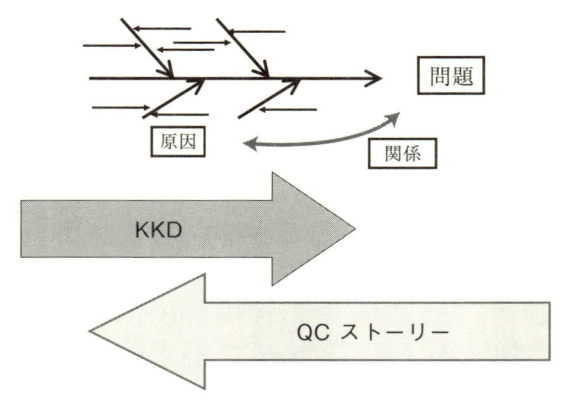

図 8.3　KKD（経験と勘と度胸）によるアプローチと QC ストーリーによるアプローチ

学んできた方法論の多くは，「重さが重くなれば，バネはより長く伸びる」とか，「温度が上がれば，融ける塩の量が増える」とか，「風が吹けば，桶屋が儲かる」というように，ある原因をまず考えてそれを変化させると結果がどうなるかという考え方だ．一方，問題解決型 QC ストーリーが特に役立つのは，わかっていることは既にやり尽くしているが，まだ思うような結果になっていないという場合だ．そのときのアプローチとは，従来の知見にもとづく KKD とは逆方向のアプローチだ．まずは徹底的に結果を把握して，問題を徹底的に小分けしてその構造を把握したうえで，それらを説明することができるような要因を探り出そうという帰納法的なアプローチだ．

8.4　標準的なアプローチはこんなところか

（1）　全体のヒストグラムから問題の全容を把握

まずは，何はなくとも全体のヒストグラムを描いてみるのは常に正解だ．場合によっては，現段階でも十分な工程能力があるかもしれない．そうなれば，改善する必要自体がないのだから多変量解析などの出番は端からない．

図 **8.4** の全体のデータのヒストグラムから次のことがわかる.

① 　上側 2.25 以上の飛び離れたところに，明らかに離れ値と思えるデータがいくつか出ている.

② 　平均値が新規の規格値の下側に偏っており，下側規格を満足できない不良が多く出てきてしまう.

③ 　全体のばらつきが大きすぎるので，平均値を高くしただけでは上側規格を満足できない不良が出てきてしまう.

この段階で，ひょっとすると何もしなくても大丈夫ではないかという楽観論はあっさり却下されることになる．新たな顧客要求を満足するには，何とかしなければならない.

まず，上記①で指摘される「上側に出てきた離れ値」については個別に調べてみよう．元データに戻るとそれらしい異常原因が特記事項に明記されている（現実ではそれほど簡単な話ではないが，例題としては勘弁してもらおう）．これらは，**別途検討**することとして解析対象データからは棚上げしておこう．ちなみに，その他にも特記事項にいろいろな記述はあるが，結果から見る限りそ

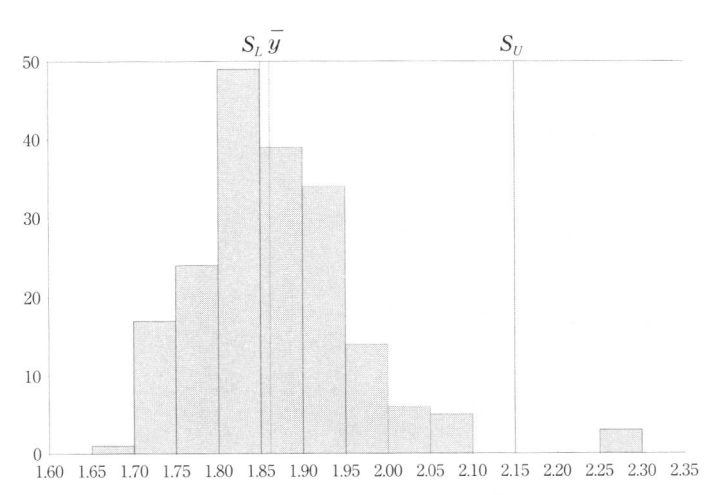

図 8.4　全体のデータのヒストグラム

れらは飛び離れた値とはいえないので解析対象データとしておこう.

(2)　管理図で問題の特徴を把握

さて,　次はどうしようか.　いきなり要因との関係を探りに行く前に,　y に関する情報をもう少し集めることがポイントとなる.　ここで登場するのが管理図だ.　管理図を使えば,　全体のばらつきを群内変動と群間変動などに分けられて要因の絞り込みに役立つということを,　第 2 章で議論した.

では,　早速……,　と取り掛かろうとしたところで,　最初に直面するのがどのような管理図を描けば良いかということと,　「群の大きさ」をどうしようかということだろうか.

管理図の種類については,　特性値が計量値なので,　計量値に関する管理図になることは明らかだ.　ただし,　平均値とするかメディアン(中央値)とするか個々のデータとするか,　群の大きさをどうするか,　ばらつきの管理図については R 管理図とするか s 管理図とするか悩む方もいるかもしれない.　ここでは**管理用**管理図を描くのではなく,　管理図を**解析用**として使うのでそれほど悩む必要はない.　いろいろな大きさの群でいろいろと描いてみれば,　それなりの情報が得られるからだ.　悩んでいるくらいなら何でもいいからとりあえず描いてみよう.

まず,　時刻ごとに取られている $n = 2$ を群として $\bar{X}$–R 管理図を描いてみた.　ただし,　2.25 以上となっていた明らかな異常値を含めてしまうとそれらがノイズとなってしまうので,　外しておいた.

図 8.5 の管理図では,　R 管理図も何やらおかしな雰囲気を醸し出しているもののとりあえず 1 点以外はすべて管理限界の内側に入っている.　まず目につくのは $\bar{X}$ 管理図に 6 群ごとに明らかな傾向が見られることだ.　すなわち,　$n = 12$ のおかしな周期性があるということだ.　この周期性がなくなれば,　かなりのばらつき低減を図れそうだということがわかる.

ただし,　注意すべきは,　いかにおかしな周期性があったとしても,　ぎりぎり管理限界外の点があるものの $\bar{X}$ 管理図ではほとんどの点が管理限界の内側に

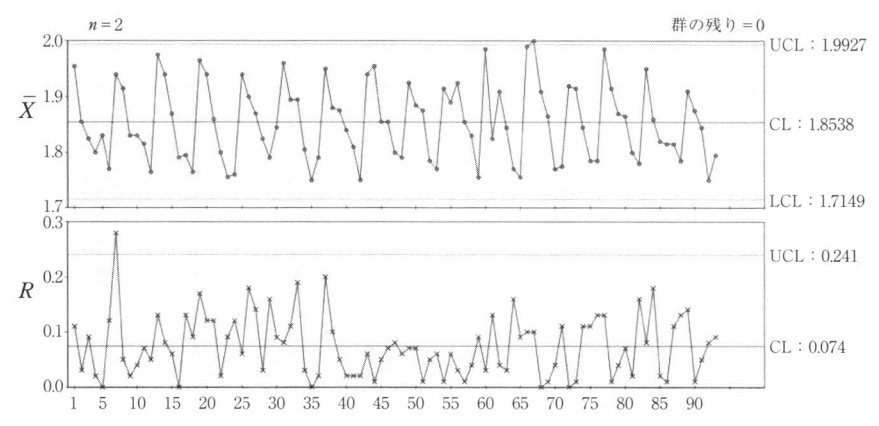

注) 上側 2.25 以上の離れ値は除外してある．本来正確に描くと除外した欠測値のところは $n=1$ として扱い，それらの管理限界線は広がるはずだが，この図の中では少々ずるをしている．

図 8.5　$n=2$ を群とした $\overline{X}$-R 管理図

入っているということ，また，R 管理図も管理限界外の点が 1 点しかないということだ．すなわち，R 管理図で捉えた $n=2$ の群内のばらつきにも着目すると，さらに，ばらつきを小さくすることができるということだ．

　ちなみに，$\overline{R}/d_2$ から計算した群内変動の標準偏差は 0.0656 となり，$C_p=$ 0.762 となることから，群間変動を抑えるだけでは不十分だということもわかる．

> **豆ちしき**　R 管理図から群内変動の大きさを推定する方法
>
> 　R 管理図が安定状態の場合，R に用いた R の平均値 $\overline{R}$ と管理図計数表などに与えられている d_2（ほぼ，$\sqrt{n}$ で近似できる）を用いて，$\hat{\sigma}_w = \overline{R}/d_2$ によって，その群内変動の大きさを推定できる．

(3)　ここで要因を検討する出番

　ここまで問題が絞られてきたところで，特性要因図を描いてみよう．肝心なことはいくつの特性要因図を描くか，また，その頭をどのように描くかということだ．

　「y のばらつき」では頭が大雑把すぎる．ここまででわかったことで描くならば，

　まずは，

　　①　先ほどちょっと棚上げしておいた，異常値

　さらに，

　　②　y の $n = 12$ の周期性

　　③　$n = 2$ の群内変動

という3つの特性要因図となるだろう．

　そこで①の異常値については個別に取り組むしかない．①の「y の $n = 12$ の周期性」の要因を探ってみよう．

　この設問では**図8.6**で与えられた限られた情報しかないが(本書では途中を省略しているので余計わからないが)，実際には，さらにこの点を説明できる要因を求めて関係者に集まってもらい検討しながら，特性要因図を描くことになる．

　すると，データ番号で12ごとに対応して変化している要因を探せば $X1$, $X4$, ならびにその組合せが有力な候補となってくる．

　さらに，計量値である $X10$, $X11$ を時系列データにしてみると，明らかに $X11$ がくさい(**図8.7**)．

　次に②の「$n = 2$ の群内変動」を説明する要因を探ってみよう．

　こちらは，データ番号ごとに細かく変わっているものを探してみれば，$X2$, $X10$, $X11$ が浮かび上がってくる．

	日	時刻	y	$X1$	$X2$	$X3$	$X4$	$X5$	$X6$	$X7$	$X8$	$X9$	$X10$	$X11$	特記事項
1	4/10	0	2.01	A	c	E	g	J	m	o	11.1	X	48.1	635	調整
2	4/10	0	1.90	A	d	E	g	J	m	o	11.1	X	48.0	636	
3	4/10	2	1.87	A	c	E	h	J	m	o	11.1	X	48.8	631	
4	4/10	2	1.84	A	d	E	h	J	m	o	11.1	X	48.7	634	
5	4/10	4	1.87	A	c	E	i	J	m	o	11.1	X	47.5	628	
6	4/10	4	1.78	A	d	E	i	J	m	o	11.1	X	47.3	628	
7	4/10	6	1.81	B	c	E	g	K	m	o	11.1	X	47.4	626	
8	4/10	6	1.79	B	d	E	g	K	m	o	11.1	X	47.6	626	
9	4/10	8	1.83	B	c	E	h	K	m	p	11.1	X	48.2	624	
10	4/10	8	1.83	B	d	E	h	K	m	p	11.1	X	48.3	625	
11	4/10	10	1.71	B	c	E	i	K	m	p	11.1	X	48.3	622	
12	4/10	10	1.83	B	d	E	i	L	m	p	11.1	X	48.7	619	
13	4/10	12	1.80	A	c	E	g	L	m	p	11.1	X	48.0	636	調整
14	4/10	12	2.08	A	d	E	g	L	m	p	11.1	X	47.5	635	
15	4/10	14	1.89	A	c	F	h	L	m	p	11.1	X	48.0	633	
16	4/10	14	1.94	A	d	F	h	L	m	p	11.1	X	48.2	631	
17	4/10	16	1.84	A	c	F	i	J	m	q	11.1	X	48.4	630	
18	4/10	16	1.82	A	d	F	i	J	m	q	11.1	X	48.0	629	
19	4/10	18	1.85	B	c	F	g	J	m	q	11.1	X	47.3	626	
20	4/10	18	1.81	B	d	F	g	J	m	q	11.1	X	49.2	626	
21	4/10	20	1.85	B	c	F	h	J	m	q	11.1	X	47.4	624	
22	4/10	20	1.78	B	d	F	h	K	m	q	11.1	X	47.5	623	
23	4/10	22	1.79	B	c	F	i	K	m	q	11.1	X	48.3	622	
24	4/10	22	1.74	B	d	F	i	K	m	q	11.1	X	48.2	632	
25	4/11	0	1.91	A	c	F	g	K	m	q	11.1	X	48.7	637	調整
26	4/11	0	2.04	A	d	F	g	K	m	q	11.1	X	47.8	635	
27	4/11	2	1.90	A	c	F	h	L	m	q	11.1	X	48.5	634	
28	4/11	2	1.98	A	d	F	h	L	m	q	11.2	X	48.1	633	

図 8.6　$n = 12$ の周期性を説明できそうな要因を探す

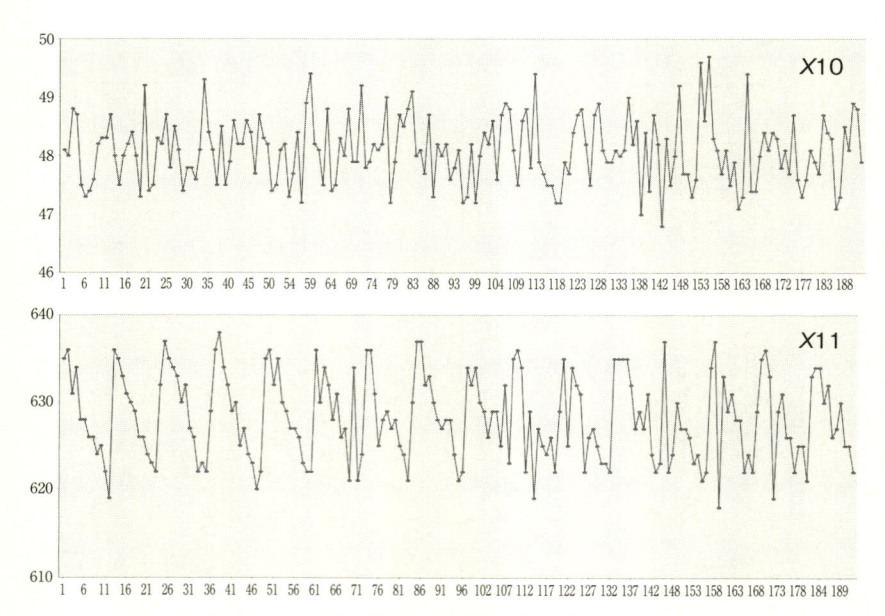

図 8.7　X10（上段）と X11（下段）の時系列グラフ

（4）仮説を検証してみよう

ここまでわかれば，あとは多少の力業が必要だ.

これらの要因とその組合せで層別したり，散布図を描いたり，さらには，これらの散布図を候補となった計数値の要因で層別し，全体のばらつきを分解していくことによって，ばらつきを大きくしている原因に近づこうという算段だ.

ここから先の力業には一応の結論に至るまで，約 10 ページ以上にわたるヒストグラム，管理図，散布図が必要となってくる. 読むだけではわからないと思うので，データをダウンロードしていただき，読者諸氏も自分で解析を進めていただきたい. この種の問題では，絶対的な正解というのはないがご自身で解析した後で，日科技連出版社のホームページから解答例をダウンロード（本書のまえがきを参照）してご検討いただければ幸いだ.

8.5 データ解析の結果をまとめると

解析の最後の詰めの段階は，ダウンロードしていただく資料に譲ったが，結論だけをまとめておこう．

まず現状では圧倒的に工程能力が低く，このままでは新たな顧客要求を満たせないために改善する必要がある．

現状の問題点は，①異常値，②y の $n = 12$ の周期性，③$n = 2$ の群内変動，の3つに分けられる．

これらの各問題点については以下のように個別に検討しよう．

① 異常値については，**第2章**で述べたやり方で一つひとつ着実に取り組もう．

② y の $n = 12$ の周期性の原因は，$X1$，$X4$ と $X11$ だが，これらは交絡（複数の効果が混ざり合っていて，それぞれの効果が分離できないこと）しているので，さらに技術的な検討を踏まえた計画的な実験などによって確認していく必要があるが，手を打てば相当ばらつきが減ることは確かだ．ただし，今回の範囲内で最も良さそうな $X1 : A$，$X4 : g$ の組合せでも，その平均値は狙い値よりもやや低く，ばらつきもまだまだ大きすぎる．その最適条件を狙っただけでは足りないこともわかる．

③ $n = 2$ の群内変動を削減できる要因は現段階では見つかっていない．ここを減らさないと工程能力指数 C_p は十分とはならない．そこで，よりミクロな視点で1〜2時間の中で発生するばらつきの要因に着目して技術的考察を加えることとする．

現実よりはかなり簡単な例題だが，手応えは如何に？

「簡単すぎて話にならん」という方々は読み飛ばしていただければ結構だろう．「こんな面倒なことをするくらいなら，改めて多変量解析法をきちんと勉強しようと思った」という方々は，それはそれで立派だ．是非とも進めていただきたい．

「多変量解析法などはハードルが高すぎて手が出ないけど，理解したつもり

になっていた QC 七つ道具だけでもここまで何とかできるのか」と改めてご認識いただいた方がいらっしゃれば望外の喜びだ.

付　録

問題解決の手法
問題解決型QCストーリー

A.1　問題解決活動の定石

　問題解決・課題達成というような改善活動を効果的・効率的に進めていくための方法として，いろいろな分野でいろいろなものが提案されてきた．例えば，ケプナー・トリゴー法(KT 法)[14]，IE(インダストリアル・エンジニアリング)，VE/VA(価値工学・価値分析)，シックスシグマなどの分野で提唱されている方法など枚挙に暇がない．品質管理の分野ではこのような方法論は 1960 年代から「QC ストーリー」と呼ばれ広く普及してきた．従来，QC ストーリーといえば，「問題解決型 QC ストーリー」を指していたが，1990 年以降「課題達成型 QC ストーリー」[15], [16]なども提案され活用されるようになってきた．

　各種の方法論の中には，広くいろいろな場面で活用できるものや，対象領域を特化し，それだけにその分野では非常に強力な方法論もある．本書では，あえて QC ストーリーと他の方法論との比較はしないが，決して他の方法論を否定している訳ではない．広く勉強されたうえで，QC ストーリーと組み合わせて使い分ければ良いだろう．

　これまで述べてきた QC 七つ道具は，この QC ストーリーという論理的な進め方の中で活用するとさらに強力なものとなるので，本書では付録として付け

加えておこう．なお，QC ストーリーの詳細な解説や事例集は多数出版されているので，ご興味をもった方はそれらをご参照いただきたい．

A.2　問題解決型 QC ストーリーのステップ

問題解決型 QC ストーリーでは，次のような論理的な流れに沿って，問題解決を進めていくことを奨めている．

① 　テーマの選定

② 　現状把握と目標の設定

③ 　要因の解析

④ 　対策

⑤ 　効果の確認

⑥ 　歯止め

⑦ 　反省と今後の計画

この流れを概念的に示したのが図 A.1 だ．

① 　テーマの選定

まず，「何をやるか」を明確に記述する．どうしてそのテーマを選定する意義があるかを確認する．実は QC ストーリーのステップの中で一番難しいステップだ．

② 　現状把握と目標の設定

取り上げたテーマの現状がどのようになっているかを把握する．そのためには，まずデータを取るための手法が必要になることもある．さらに問題点を層別し，絞り込むことが必要となることもある．その全体像を理解するために，管理図やヒストグラムなどが役に立つ．

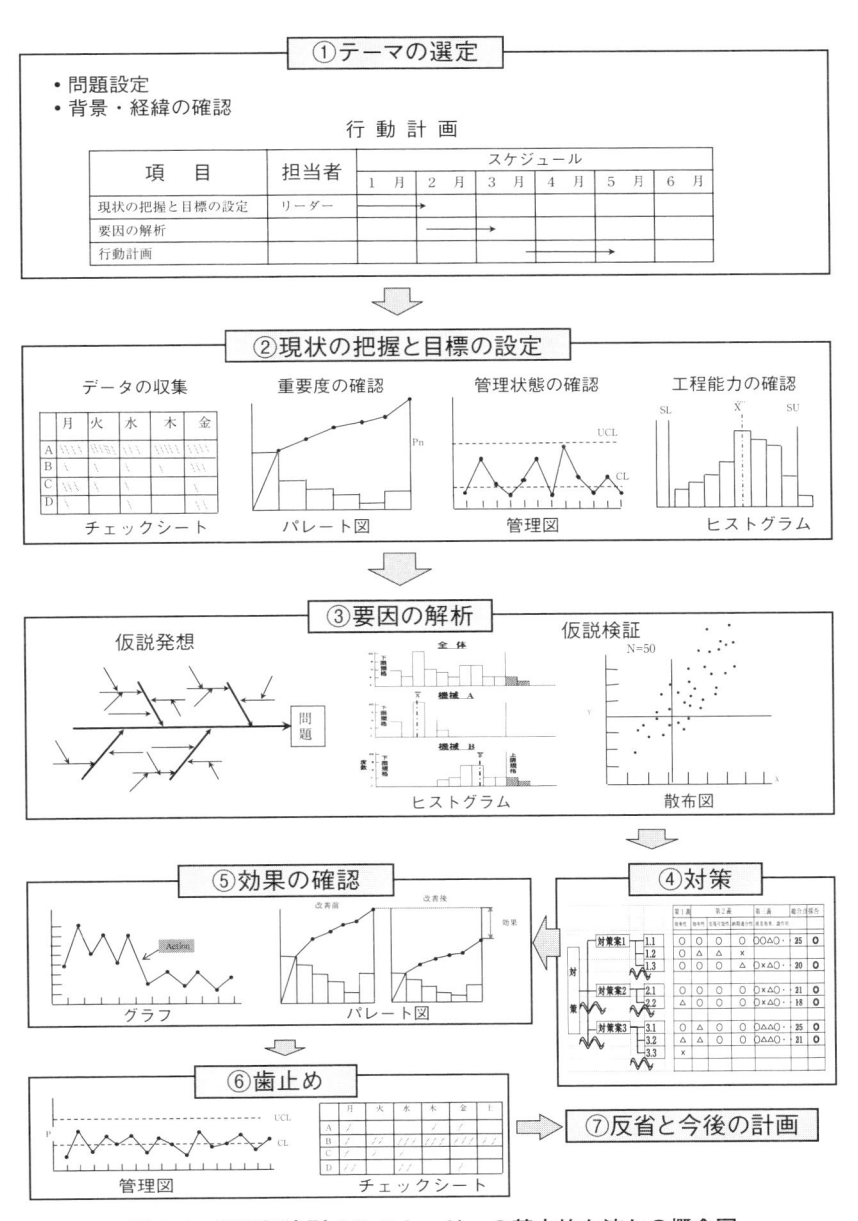

図 A.1 問題解決型 QC ストーリーの基本的な流れの概念図

③　要因の解析

上記②でわかった「現状」が，なぜ起こってしまったのかという原因を追究する．このステップはさらに「仮説発想」と「仮説検証」という2つのサブステップに分かれる．まず，現状にもとづいて，衆知を結集してなぜそのようなことが起こったのだろうかという原因のメカニズムを考えてみる．次に，そのメカニズムが本当に発生したのかを事実で検証する．

豆ちしき　要因と原因の違い

　問題の「原因ではないかと考えられる候補」のことを「要因」といい，それが事実によって確認されると「原因」と呼んで区別している．

④　対　　策

上記③で特定できた「原因」を取り除く対策を考える．対策にはいろいろなレベルのものがある．また，一つだけとは限らない．発想豊かにより多くのものを列挙し，効果，効率性，経済性などの評価を加えて対策を選定する．

なお，このステップにおける対策とは，とりあえず現在起こっている現象をなくすための「応急対策」だけにとどまらず，その原因を根絶するための「再発防止対策」も強調している．

⑤　効果の確認

打った対策が適切だったのだろうか．その効果が現れているかどうかを確認する．できれば，打った対策ごとに個別に評価できるようにする．

⑥　歯　止　め

効果のある対策を打てても，日が経つにつれて「対策」が守られなくなれば元の木阿弥だ．組織として，きちんと標準化して，管理できる仕組みづくりが

必要となる.

⑦ 反省と今後の計画

一通りの活動が終わった後で，今回の活動全体を振り返ってみよう．効果的・効率的に進められたか．無駄はなかったか．このまとめが，組織としての学習であり，組織としてあるいは個人として問題解決力を強化していくために必要となる.

また，残されている問題はないだろうか．もし，あるならば組織として，それらに対してどのように取り組んでいくのか．その計画を明記しておこう.

A.3 問題解決型 QC ストーリーの基本的な考え方

読者諸氏の中には前節の説明を読んで，自分が知っている問題解決型 QC ストーリーの表現とは違うと思われる方も多いだろう．例えば，**表 A.1** のようないくつかのパターンがある.

しかし，これらの順番や表現の違いに囚われるのは得策とはいえない．なぜならば，実際の改善活動は一つひとつがまったく異なる状況で展開され，もと

表 A.1　問題解決型 QC ストーリーのパターン例

例 1	例 2	例 3
① テーマ	① 問題の把握とテーマの決定	① テーマ
② 取り上げた理由		② 取り上げた理由
③ 現状把握	② 組織化と活動計画の作成	③ 現状把握
④ 解析		④ 解析
⑤ 対策	③ 現状分析	⑤ 対策
⑥ 効果の確認	④ 目標の設定	⑥ 効果の確認
⑦ 標準化	⑤ 要因解析	⑦ 標準化
⑧ 残された問題と今後の課題	⑥ 改善案の検討と実施	⑧ 残された問題と今後の課題
⑨ 改善活動の反省	⑦ 改善効果の把握	⑨ 改善活動の反省
	⑧ 標準化と管理の定着化	

注）　例 2 は，細谷克也『QC 的ものの見方・考え方』[17]より引用.

もと非常にバラエティに富み，柔軟な対応が迫られるので，このステップに固執する必要がないからだ．問題解決型 QC ストーリーで提唱しているステップとは，「絶対にこうしなければならない」という制約ではなく，次の方向性を示すためのガイドだと考えたほうがよい．

いろいろとバラエティはあるものの，QC ストーリーとしての特徴となる基本的な考え方をまとめると，図 A.2 のようになる．

われわれの狙いは，最終的には「結果を良くする」することだ．「プロセス重視」という言葉を誤解・曲解して，結果を軽視するのは本末転倒だ．良い結果を継続的・安定的に出していくためには，結果だけを追究していたのでは実現不可能なので，プロセスから改善していかなければならないと考えているのであって，あくまでも最終的な狙いは良い結果を出すことだ．

結果を良くするためには結果を悪くした原因を取り除くことを考える．そのためには，何が原因かを見つける必要がある．その原因を特定するには原因と結果との関係を把握する必要があり，そのためには論理的に検討し，証拠（データ）で裏づけることが必要となってくる．

それだけの単純明快な考え方だ．

このような，至極自然な考え方が問題解決型 QC ストーリーの基本だ．また，このような考え方は，実は問題解決型 QC ストーリーの専売特許ではなく，良

＊源流管理　　　　＊工程で品質をつくり込め

結果を良くする

結果を悪くした原因を除く

何が原因かを見つける

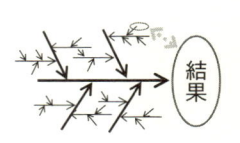

原因と結果との関係を把握する

論理的に検討し，証拠（データ）で裏付ける

図 A.2　問題解決型 QC ストーリーの基本的な考え方

い仕事をしているといわれる人たちに共通した方法だといえる.

A.4 問題解決型 QC ストーリーの難しさ

ところで，前節の説明で果たしてどれほどの人が，問題解決型 QC ストーリーに共感されるだろうか．このような論理的な流れに従って改善活動を進めることが成功する要因だと心から納得できるだろうか.

なかには「私が考えているとおりだ」あるいは「わかりやすい」ということで納得される方もいるだろう．しかし，一方で，「当たり前すぎて新鮮味がない」，「現実の問題はもっと複雑で難しいのだから，こんな簡単なステップで解決などできる訳がない」，「こんなことは，とうの昔から知っているが，今までうまくできた例しなどない」．したがって，こんなことが「問題解決を成功に導くポイント」だとは到底納得できないという方も多いのではないだろうか.

**成功のポイントは
QC ストーリーにあり！**

と言われて納得するか？

わかりやすい

それだけに
・当たり前すぎて新鮮味がない
・成功ポイントとは納得し難い

そのような疑り深い方には，従来，実際にどのように問題解決に取り組んできたかを思い起こしてほしい．なかには，問題解決型 QC ストーリーのアプローチに従ってきたがうまくいかなかったという方もいるだろう．一方で，必ずしもそうでなかった方もいるだろう.

■成功の秘訣と失敗の秘訣

　まず，何を「問題」としただろうか．次に，本書で強調してきたレベルの QC 七つ道具を駆使した現状把握をしようとしただろうか．せいぜいパレート図とヒストグラム一つだけ程度で済ませていなかっただろうか．その原因を追究しようとしただろうか．これも精緻な問題構造の分析をせずに，4M でブレーンストーミングをした程度でごまかしていなかったか．さらに，その原因の仮説を事実とデータで検証しただろうか．ひょっとすると，それらのことはまったく飛ばして，ただひたすらに「対策」を考えていなかっただろうか．

　多くの方々は，その経験から，問題解決型 QC ストーリーのようなステップを踏んで改善活動を進めることが望ましい，ということをよくわかっている．ところが，実際の問題に直面したときに，そのようなアプローチを着実にとれる人はそう多くはない．

　問題解決型 QC ストーリーとは，改まって問われれば，多少のバラエティはあるものの，実に「当たり前の常識」といえる考え方だ．その当たり前のことを当たり前にできないから苦労するのであり，うまくいかないのだ．

　特に，多くの「自分は優秀だと思っている技術者・管理者」が，実際に問題に直面したとき，まず，対策先行型で行動していないだろうか．

　問題解決型 QC ストーリーを実行する前に，わかった気になって実行しない，というのが失敗するための秘訣だ．

当たり前のことを当たり前にできないから苦労する

　問題解決型 QC ストーリー
　はじめに聞いたときは 5 分でわかった気になる．

> 実際にやってみると，
> 実に奥深いことがよくわかる．

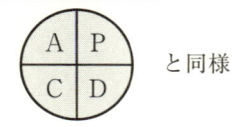 と同様

一見，当たり前なこの問題解決型 QC ストーリーのステップを愚直に進めるのに，実はいろいろと難しいところがある．その陥りやすい難点と，それらをどのように乗り越えていけばよいかを理解しておくことが成功の秘訣といえよう．

実行する前に
わかった気になって，
実行しない

➡ **失敗の秘訣**

何がどう難しいかわかる

➡ **成功の秘訣**

A.5　問題解決型 QC ストーリー活用上の留意点

(1)　現場での改善活動レベルのいろいろ

日常の業務では，多くのいろいろな改善が実施されている．それらの意思決定はすべて QC ストーリーに従って，論理的に事実データにもとづいて判断し**なければならない**のだろうか．

いろいろな例で考えてみよう．

例1)　以前から緩んでいた冶具の止めネジを，きっちり締め直したら「寸法不良」が大幅に減った．

例2)　搬送ラインのカーブの部分で，ときどき製品が落下して壊れてしまうことがあった．その部分にカバーをかけたところ落下することがなくなり，当然落下による不良もなくなった．

例3)　あるセラミック製品で慢性的に欠け不良が発生していた．ある日から，原材料をよくかき混ぜるようにミキサーでの練り時間を長くしたところ不良が激減した．

例 4）　ある組み立てラインで，取り付け不良が増加してしまった．毎日朝
　　　会でグラフを示し，特に多い人にカツを入れたところ元に戻った．

例 5）　大型 NC マシンを使っているある機械加工工程では，多くのトラブ
　　　ルが発生していた．その機械メーカーを呼んで調整してもらったとこ
　　　ろすべての問題があっという間に解決した．

例 6）　最新型の射出成型機を購入したところ，よりコンパクトで，より省
　　　エネで，操作性も向上し，品質・生産性ともに飛躍的に向上しただけ
　　　でなく，新材料や新加工方法による新商品がいとも簡単に開発できる
　　　ようになった．おまけに苦労もせずに，良いことずくめだ．

例 7）　5S，TPM，TOC などを実施したら，その副次効果として慢性的に
　　　硬直状態にあった不良率が一気に下がった．

　現場では日々多くの判断業務・改善活動が実施されている．これらの例をど
のように考えたらよいだろう．どれも，QC ストーリーに則っていないからけ
しからんといえるだろうか．

　それぞれの例について検討してみよう．

（a）　Just do it !(JDI)による改善

　例 1 や例 2 のような事例は，「ちょっと考えれば」すぐに実施できる，まさに，
やるだけ "Just do it !" といわれるような事例だ．この程度の改善を進めるの
に，わざわざ現状を把握し……，というほどの手間は要らない．

（b）　経験と勘と度胸(KKD)による改善

　例 3，例 4 は，現場の担当者にしてみれば，現状をよく見た結果，従来の経
験から，かなり確信をもって打った対策かもしれない．そして，その対策が見
事に的中したという例だ．

　例 5，例 6 は，自分の力の限界を経験から悟った担当者が，自助努力による
改善は諦めて外部の力を頼ったという例だ．

　例 7 は，現場の基本的な仕組み(インフラストラクチャー)が不十分な場合，

まずそれを整えることからはじめると大きな成果を生むことは多いという例だ.

改善活動が活発に行われている企業の実際の現場では,非常に多くの JDI による改善が日常的に実施され,かなりの数の KKD による改善も行われ,そのうえに,それらだけでは解決できないような難しいテーマが「重要問題」として取り上げられて,QC ストーリー的アプローチで改善されている.その件数比で見れば,300:30:1 とでもいえるような比率になっているのではなかろうか.さらにいえば,1件の QC ストーリーによる改善を進めると,その過程で非常に多くの「気づき」が得られ,多くの JDI や KKD による改善も生まれてくることが多い.

さらにいえば,ベテランによる JDI による改善は,新人が半年かけてじっくり取り組んだ QC ストーリーによる改善よりも,技術的にもはるかに高度で効果も大きいということもよくある話だ.

いろいろなレベルの問題解決・課題達成

ただし,JDI による改善も,改善に対する雰囲気づくりが現場にできていなければなかなか出てこない.KKD による改善も皆で考える場づくりができていないと難しい.

JDI レベルの活動は,それはそれとして受け入れ,奨励するほうが会社とし

ては得策だ．そのような組織文化が成長してくれば，困難な問題・課題に対して QC ストーリー的アプローチが可能となり，大きな成果を挙げるようになってくるだろう．

組織として問題解決力・課題達成力を強化して大きな改善効果を狙うならば，レベルを上げる活動とともに，輪を広げるための活動と仕組みづくりが役に立つ．

改善活動初期段階の現場で，もともと JDI でうまくいった事例を取り上げて，あたかも小さなメダカに無理やり大きな尾びれ背びれを付けてクジラのように見せかけた特性要因図をつくり上げて，あたかも QC ストーリー風にお化粧してお祭り騒ぎのような発表会をしていた例があった．1 ～ 2 年はそれも良いかもしれない．しかし，そのような活動が長く続くはずもない．まさに，手間と費用はかかるが成果だけは出てこないという改善活動を形骸化させるコツといえるだろう．

(2) 大病院に行くか町医者に行くか*

では，どのようなときに問題解決型 QC ストーリーが特に役立つのだろう．狩野紀昭先生（東京理科大学名誉教授）が解説された以下の例を使って考えたい [18]．

普通，風邪をひいて熱が出た場合どのようにするだろうか，「寝てれば治る」というときもあるが，酷くなってくるとどこかの医者に行くことになる．よほ

---

*この例は医療関係者の中には不快感をもたれる方もいらっしゃるかもしれないが，筆者の実体験とも一致し，一般にはたいへんわかりやすいと受け入れられることが多いので引用した．

ど親しい医者でもいない限りは大病院には行かずにまずは近所の町医者に行く．そして，「どうも風邪をひいたようだ」というと，聴診したり触診したりした後に，医者から「どうも風邪のようですね」と言われて，しかるべき薬をもらって帰り，2〜3日すれば治る．このようなときに，大病院に行ったらどうなるだろう．さんざん待たされたあげく，各種の検査を受け最後にわかるのは「やはり風邪ですね」ということになる．風邪ぐらいの病気では精密検査などせずに，手っ取り早く解決できる近所の町医者に行くのが得策だ．

すべての問題を QC ストーリーで解決すべきか？

大病院に行くか町医者に行くか？
風邪・頭痛・下痢　　　　肝炎・胆石・心臓病

町医者　　　　　　　　大病院

3分間診療　　　　　　1週間は検査のみ

風邪薬　　　　　　　　入院・手術・手遅れ

- 重要問題
- 経験が少ない
- KKD で3回うまく行かなかった

（狩野紀昭(1986)「品質トラブルの低減」富山品質管理大会「基調講演」より）

　ところが，もし近所の町医者で風邪だと言われて薬をもらってもなかなか治らなかったとする．3〜4回通っていろいろな薬をもらっても一向に効かなかったとなると，そろそろ考えたほうがいいだろう．あるいは，脳溢血，心臓病，癌などという疑いが出てきたら，手っ取り早く町医者で済ませるというのはあまり名案ではない．まさに命懸けの問題だ．

　QC ストーリーに頼るか，JDI や KKD に頼るかどうかという判断も同様だ．職場で毎日迫られている問題解決や意思決定のすべてに対して，QC ストーリーを杓子定規に適用していたのでは時間がかかって仕方がない．**日常起こっている問題の多くは，JDI や KKD で解決していくべきだ**．

しかし，JDI や KKD で解決していたつもりが，いつになっても効果が出てこなかったり，実はまったく経験もなく，勘も働かず，度胸のみで重要課題に対処しなければならなかったりなどという場合は，やはり少し考えたほうがよいだろう．

すなわち，問題解決型 QC ストーリーとは，

- 特に重要な問題を解決するとき
- その問題に関する経験が少ないとき
- KKD 的アプローチで既に 3 回失敗しているとき（仏の顔も三度まで）

に頼る方法だ．

(3)　手順はどれほど守るべきか

以上では，問題解決型 QC ストーリーの各ステップの論理的な流れの重要さを述べてきた．ところが，現実の問題を解決していく段階では，このステップどおりに愚直に進められるというケースばかりではない．現実問題を解決していくためには，柔軟な応用力が必要とされる．

(a)　一方通行とは限らない

現状把握を進めて現状がよくわかってくると，目標値の再設定が必要になったとか，テーマをより絞り込むことができたということが起こる．また，原因が突き止められたとしても，その原因を取り除くこと自体が次のテーマになることもある．このように現実には QC ストーリーの流れは，一方通行とはならずに，途中で姿を変えながら，前のステップに戻ってしまうことも多い（**図 A.3**）．

(b)　一本道とは限らない

パレート図で上位 3 項目に絞り込んだ後，それぞれは別なテーマとして取り組んだほうが良い場合が多い．現状把握でいくつかのパターンに分類できた問題点は，一つにまとめて解析するのではなく，それぞれ別々なテーマとして取

(a) QC ストーリーは一方通行とは限らない

① テーマ
② 現状の把握
③ 要因の解析
④ 対策
⑤ 効果の確認

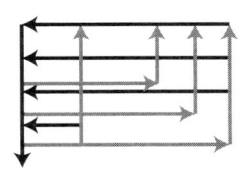

(b) QC ストーリーは一本道とは限らない

① テーマ
② 現状の把握
③ 要因の解析
④ 対策
⑤ 効果の確認

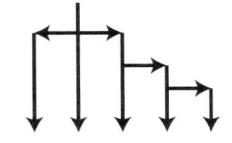

(c) 上記(a)と(b)の組合せ

図 A.3　実際の手順

り組んだほうが良いこともある．さらに要因の解析の結論として出てくる原因も，一つとは限らない．

このように，QC ストーリーの流れは一本道とは限らず，組織の能力に応じて枝分かれする．

(c) 上記(a)と(b)の組合せ

さらに，現実の場では，上記の(a)と(b)とが組み合わさってくることが頻発する．すなわち，上に昇ったり下に降りたり，また，その途中で細分化されたりする．特に管理者がチームを組んで取り組むようなスケールの大きな問題では，真っ直ぐな一本道だけで収まるようなケースは極めて少ない．

繰り返しになるが，問題解決型 QC ストーリーとは，問題解決を進めるための制約ではなくガイドだ．問題解決に取り組んでいる途中で，「自分たちは今何をしているのか」を把握したうえで「次はどちらの方向に向かって進めていけばよいか」を検討するためのガイドだ．

雑誌や大会などで報告されている事例の中では，このように複雑になってい

るものは見当たらない．だから，前述したような複雑なことは実際には起こら
ないと誤解される方もいるだろう．それは，実際の活動が単純であったからと
いうためではない場合が多い．複雑なストーリーを複雑なままで報告したので
は，聞き手にわかりにくいと考え，聞き手や読み手にわかりやすくストーリー
を整理したために，単純に見えるという場合が多いのだ．

あとがき
実際には「合わせ技」

　本書で一つひとつ議論した QC 七つ道具は，それぞれ単独でもそれなりに役立つが，実際の問題解決段階では，いくつかを組み合わせて使うとより一層の効果が出てくる．相撲などで，2つ以上の技を同時にかけることを複合技，剣道では連続技，柔道は合わせ技という用語を使うようだが，QC 七つ道具も同様だ．その合わせ方はまさに千変万化であり，その問題の状況に応じて，それぞれの道具の特性を考慮して組み合わせる必要があり，まさに解析者の腕の見せどころとなる．

　そうは言われても，現実問題では上司から「3日以内に対策を出せ」と怒鳴られているから，悠長にデータを取って七つ道具など使っている暇はない，と感じている方も多いだろう．それで仕事としてうまくいっているのならば何も言うことはない．ただし，そのような場合，一度冷静に振り返りをしてみると良いだろう．例えば先月，例えば前期で，例えば前年度，いろいろな問題解決活動・意思決定の質・効率はどうだっただろうか．少しでもより効果的・効率的に進めたいならば「道具」を使うほうが利口だ．人類学者ケネス・オークリーは，1944 年の論文で「ヒトが独特なのは道具を作る点だ」と書いたという[14]．これがサルと人間の違いだそうだ．

参 考 文 献

1) 日科技連 QC リサーチ・グループ(1962):『管理図法』，日科技連出版社.
2) 石川馨先生追想録編纂委員会編(1993):『人間石川馨と品質管理』(自費出版)，p. 458.（2015 石川馨生誕 100 年の Web ページで閲覧できる．http://www.juse.jp/ishikawa/ningen/）
3) 佐藤信(1968):『推計学のすすめ』(講談社ブルーバックス)，講談社.
4) 古畑友三(1989):『5 ゲン主義—現場管理者の心得』，日科技連出版社.
5) 永田靖(2003):『サンプルサイズの決め方』，朝倉書店.
6) 総務省統計局(2018):「家計調査報告(貯蓄・負債編) – 平成 29 年(2017 年)平均結果 – (二人以上の世帯)」，p. 6.
7) ブライアン・L・ジョイナー著，狩野紀昭監訳，安藤之裕訳(1995):『第 4 世代の品質経営』，日科技連出版社.
8) シューハート著，白崎文雄訳(1951):『工業製品の経済的品質管理』，日本規格協会.
9) 一般社団法人日本品質管理学会(2013):『JSQC-Std 32-001:2013 日常管理の指針』，日本品質管理学会.
10) 日本工業調査会審議(2016):『JIS Z 9020-2:2016 シューハート管理図』，日本規格協会.
11) 安藤之裕(2008):「管理図実践研究会活動報告」，日本品質管理学会第 38 回年次大会研究発表会要旨集.
12) 西内啓(2013):『統計学が最強の学問である』，ダイヤモンド社.
13) 狩野紀昭(1975):「QC 的問題解決法」(未訂稿).
14) C. H. ケプナー・B. B. トリゴー著，上野一郎監訳(1985):『新・管理者の判断力』，産業能率大学出版部.
15) 狩野紀昭監修，QC サークル京浜地区 JHS 研究会編(1993):『QC サークルのための課題達成型 QC ストーリー』，日科技連出版社.
16) 狩野紀昭編著(1997):『現状打破・創造への道』，日科技連出版社.
17) 細谷克也(1984):『QC 的ものの見方・考え方』，日科技連出版社.
18) 狩野紀昭(1986):「品質トラブルの低減」，『品質管理』，Vol.37，5 月臨時増刊号，pp. 511-513.
19) 渡辺美智子・椿広計編著，安藤之裕・椿美智子・馬場国博・前川恒久・三浦由

己・安川武彦著(2012)：『問題解決学としての統計学』，日科技連出版社.

20)　Yukihiro Ando and Pankaj Kumar (2011) : *Daily Management The TQM Way*, Productivity & Quality Publishing.

21)　安藤之裕(2016)：連載「QC 七つ道具よもやま話―ほんとうは役に立つ QC 七つ道具」(第 1 回〜第 7 回)，『標準化と品質管理』.

索　　引

著者紹介

安藤之裕(あんどう　ゆきひろ)

TQM コンサルタント，技術士，合資会社安藤技術事務所 代表

1955 年　生まれ

1981 年　電気通信大学大学院修士課程修了

1981 年　財団法人日本科学技術連盟 嘱託

1991 年　米国 Joiner and Associates Inc. シニアコンサルタント(1992 年まで)

　その他，デミング賞審査委員会委員，International Academy for Quality(IAQ) Trustee(理事)・Academician，QC サークル埼玉地区名誉世話人，ISO/TS 176 国内対応委員会委員を務める.

【主な著書】

『レジャーサービス業の TQC への挑戦』(監修，日科技連出版社)

『第 4 世代の品質経営』(翻訳，日科技連出版社)

Daily Management The TQM way(共著，Productivity & Quality Publishing)

『問題解決学としての統計学』(共著，日科技連出版社)

QC 七つ道具の奥義
管理者・技術者が使いこなすために

2019 年 7 月 26 日　第 1 刷発行

検　印
省　略

著　者　安藤之裕

発行人　戸羽節文

発行所　株式会社　日科技連出版社

〒151-0051　東京都渋谷区千駄ケ谷 5-15-5
DS ビル
電話　出版 03-5379-1244
　　　営業 03-5379-1238

Printed in Japan

印刷・製本　㈱中央美術研究所

© *Yukihiro Ando 2019*
ISBN 978-4-8171-9671-2

URL　http://www.juse-p.co.jp/